●改訂版・服飾関連専門講座①アパレル品質論　訂正について

「アクリル系」は法改正に伴い2022年1月1日より「モダクリル」に改称されました。
下記の通り読み替えの上、ご使用下さい。

P50　表中の右側中ほどよりやや下　アクリル系　→　モダクリル
　　　表下　2017年4月1日施行　→　2022年1月1日施行

文化ファッション大系
改訂版・服飾関連専門講座 ❶

アパレル品質論

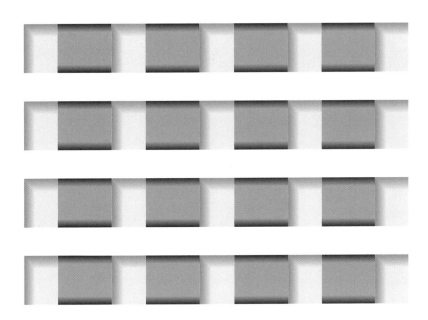

文化服装学院編

序

　文化服装学院は今まで『文化服装講座』、それを新しくした『文化ファッション講座』をテキストとしてきました。

　1980年頃からファッション産業の専門職育成のためのカリキュラム改定に取り組んできた結果、各分野の授業に密着した内容の、専門的で細分化されたテキストの必要性を感じ、『文化ファッション大系』という形で内容を一新することになりました。

　それぞれの分野は次の五つの講座からなっています。

　「服飾造形講座」は、広く服飾類の専門的な知識・技術を教育するもので、広い分野での人材育成のための講座といえます。

　「アパレル生産講座」は、アパレル産業に対応する専門家の育成講座であり、テキスタイルデザイナー、マーチャンダイザー、アパレルデザイナー、パタンナー、生産管理者などの専門家を育成するための講座といえます。

　「ファッション流通講座」は、ファッションの流通分野で、専門化しつつあるスタイリスト、バイヤー、ファッションアドバイザー、ディスプレーデザイナーなど各種ファッションビジネスの専門職育成のための講座といえます。

　それに以上の3講座に関連しながら、それらの基礎ともなる、色彩、デザイン画、ファッション史、素材、染色のことなどを学ぶ「服飾関連専門講座」、トータルファッションを考えるうえで重要な要素となる、帽子、バッグ、シューズ、ジュエリーアクセサリーなどの専門的な知識と技術を修得する「ファッション工芸講座」の五つの講座を骨子としています。

　このテキストが属する「服飾関連専門講座」では、上記のテーマのほかにも品質管理や消費科学など、服飾における素養を習得します。それぞれの専門課程で技術・知識を習得していくにあたり、大いに役立つ講座といえます。この講座は専門課程を進めていくうえで、ぜひしっかりと身につけていただきたいものです。

目次 アパレル品質論

序 3
はじめに 8

第1章
アパレルの品質と消費性能 9

1. アパレルに求められる品質と消費性能 12
2. 素材に求められる品質と機能 13

第2章
品質管理 15

1. 品質管理とは 16
2. 品質管理の実施手法 17
3. アパレルにおける品質管理上の特徴 18
4. 苦情への対応 18

第3章
繊維製品の品質評価 20

1. 品質評価試験の種類 21
2. 品質評価試験方法 24
　（1）染色堅牢性 24
　　　1）染色堅牢度とは 24
　　　2）染色堅牢度の判定基準と各種試験方法 24
　（2）形態安定性 28
　　　1）寸法変化 28
　　　2）外観・風合い変化 29
3. 品質評価基準 34
4. アパレル用生地の検査基準ガイドライン 34
　（1）適用範囲 34
　（2）ガイドライン 34
　　　1）織編物の区分 34
　　　2）検査項目及び判定基準（ガイドライン） 35
　　　3）表示・伝達の方法 37

5. アパレルの分類 ... 38
- （1）JIS L 4107　一般衣料品による区分 ... 38
- （2）JIS L 0215　繊維製品用語（衣料） ... 38
- （3）アパレル企業による品目分類 ... 38

6. アパレルに要求される品質 ... 39

7. アパレルの設計 ... 39

8. アパレルの製造工程別管理の要点 ... 39

第4章 繊維製品の品質表示 ... 46

1. 品質表示の成立ち ... 47

2. 繊維製品の品質表示と関連する法等 ... 48
- （1）義務表示 ... 48
- （2）任意表示 ... 48
- （3）品質表示の内容 ... 48
    - 1）家庭用品品質表示法に基づく繊維製品の品質表示 ... 48
    - 2）繊維の組成表示（繊維名、混用率） ... 50
    - 3）家庭洗濯等取扱い方法 ... 54
    - 4）はっ水性 ... 59
    - 5）表示者名及び連絡先 ... 59
    - 6）表示ラベル取りつけ位置 ... 59
- （4）東京都消費生活条例に基づく注文衣料等の表示事例 ... 60
    - 1）表示内容 ... 60
    - 2）表示方法 ... 60
- （5）不当景品類及び不当表示防止法／原産国表示 ... 61
    - 1）原産国とは ... 61
- （6）医薬品、医療機器等の品質、有効性及び安全性の確保等に関する法律（旧薬事法） ... 62
- （7）既製衣料品のJISサイズ表示 ... 63
    - 1）衣料サイズに関連するJIS ... 63
    - 2）JISサイズ表示の基本 ... 63
    - 3）着用者別体型区分の種類と定義 ... 64

3. 雑貨工業品の品質表示 ... 65
- （1）革または合成皮革製の衣料 ... 65
- （2）革または合成皮革製の手袋 ... 65
- （3）かばん（天然皮革） ... 65
- （4）靴（合成皮革） ... 66
- （5）洋傘 ... 66

第5章 安全と環境 ... 67

- **1. 繊維製品の安全性** ... 68
  - （1）繊維製品加工剤の安全性 ... 68
  - （2）子供用の衣料の物理的安全性 ... 69
    - 1）子供用衣料の安全性 ... 69
- **2. 製造物責任法（PL法）** ... 72
  - （1）法の概要 ... 72
    - 1）責任主体 ... 72
    - 2）対象となる製造物 ... 72
    - 3）欠陥とは ... 72
    - 4）賠償請求期間 ... 72
    - 5）製造者の責任期間 ... 72
    - 6）免責事由 ... 72
  - （2）PL法を巡る紛争処理の流れ ... 72
    - 1）紛争処理機関 ... 72
    - 2）損害賠償の範囲 ... 72
  - （3）繊維製品のPL法に発展する事例 ... 73
  - （4）PL対策について ... 73
- **3. 関連する法等** ... 74

第6章 繊維製品の取扱い ... 75

- **1. 耐洗濯性** ... 76
  - （1）繊維製品の汚れ ... 76
  - （2）汚れの性状 ... 77
  - （3）洗剤 ... 77
    - 1）洗浄の過程 ... 77
    - 2）せっけん ... 78
    - 3）合成洗剤 ... 78
  - （4）洗濯法の種類 ... 79
    - 1）湿式洗濯法 ... 79
    - 2）湿式洗濯の条件 ... 80
    - 3）ドライクリーニング ... 82
    - 4）特殊クリーニング ... 84
  - （5）漂白と増白 ... 84
    - 1）漂白 ... 84
    - 2）漂白する場合の一般的な注意事項 ... 85
    - 3）増白 ... 85

（6）仕上げ 85
　　　　1）糊付け仕上げ 85
　　　　2）帯電防止、柔軟処理 85
　　　　3）アイロン仕上げ 86
　　　　4）アイロン仕上げの注意事項 86
　　（7）しみ抜き 87
　　　　1）しみ抜き方法の種類 87
　　　　2）しみ抜きの用具と方法 88
　　　　3）しみ抜きの一般的な注意事項 88
2. 保管 **89**
　（1）温度の影響 90
　（2）湿度の影響 90
　（3）清潔さ 90
　（4）虫害 90
　（5）かびの害 92
　（6）保管方法と種類 93
　　　　1）家庭保管 93
　　　　2）トランクルーム 93
　　　　3）洗濯業者による保管 93
　（7）繊維製品の廃棄、処分、環境保全 93

第7章 アパレルの保証とクレーム　94

1. 商品の保証 95
2. クレーム 95
　（1）クレーム対策 95
　　　　1）義務表示と消費者の権利 96
　　　　2）情報伝達ラベル（任意表示） 96
　（2）クレームの受付け対応 96
　（3）クレームの発生原因の究明、解析 97
　　　　1）生産者とクレーム 97
　　　　2）流通業者とクレーム 99
　　　　3）消費者とクレーム 99
　　　　4）クリーニング業者とクレーム 100

はじめに

　私たちはゆとりと豊かさに満ちたライフスタイルを志向し、ファッションに対する関心は消費者はもとより、産業界においても高まっている。そうした背景と新素材の開発、加工技術の発達を受け、繊維製品、特にアパレルの多様化には目覚ましいものがある。アパレルの商品価値を決める要素として素材とともに、品質の果たす役割は大きく、それらによって商品の評価がされるといっても過言ではない。今日のアパレルには高度なデザインや感性が要求され、デザイナーやパタンナー、マーチャンダイザーは当然このことを意識して商品開発・企画している。しかし、アパレルも商品であるかぎり、その品質は単に感性を満たすだけではなく、着心地や丈夫さなども含めた実用性、そして、染料・加工剤等にかかわる有害物質などの安全性や環境保全などを備えたもので、かつ適正な価格でなければならない。いい品質はこれらのバランスのうえに成り立っているといってもいい。そして、今、生産・販売・購入ルートが多様化、複雑化しているため、品質に関する消費者ニーズ、クレームも多様化している。アパレルに携わる担当者は品質についての幅広い知識を持って臨み、適切な対応と品質管理を行ない、消費者及び企業に損失を与えないようにしなければならない。アパレルは感性的要素が強いがゆえに取扱いを含むメリット、デメリットなどその特性を明らかにすることや、消費者との要求品質上の見解の相違を解消することに努める必要がある。また、消費者の価値観の変化に対する対応や家庭用品品質表示法、PL法など各種法規制への対応も大事なことである。本書は「文化ファッション大系」服飾関連専門講座の一つで、将来アパレルの生産、販売、小売り、流通などのファッションビジネスに携わろうとする者を対象とし、品質の基本的な知識と考え方を得て実践につながるよう、イラスト、写真を多用して平易な表記、表現に努めている。また、各企業、検査団体などからの協力により、確実性のある内容になっている。この一冊がアパレル、ファッションにかかわろうとする多くのかたがたに役立ち、愛読されれば幸いである。

第1章
アパレルの品質と消費性能

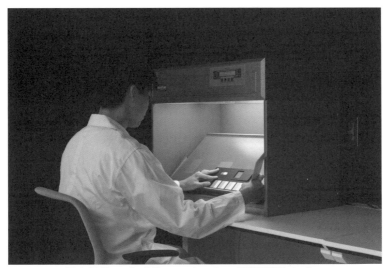

写真提供：（一財）ニッセンケン品質評価センター

地球上の多くの動物の中で衣生活を営むのは人間だけである。ほかの動物が自分の皮膚や体毛により体温調節、身体保護などを行なっているのに対して人間は衣服（アパレル）を着用することにより、環境や外界の刺激から体を守っている。しかもアパレルは単に環境に対する保護の役割を果たすにとどまらず、人間の文化や社会的生活の一側面を持ち、活動の範囲や可能性を広める働きも果たしている。

日本は明治維新での文明開化などによって積極的に欧米文化を導入しはじめた。合理的な西洋のものの考え方は日本の近代化、国力の増強に必要であった。これらは殖産を促し、繊維産業も各地に成立した。その結果、それまで和服、和装に寄っていた日本人の衣生活は急速に洋服、洋装文化へと変わっていった。特に、第二次世界大戦の戦後復興期、活動しやすい洋服は圧倒的に国民に支持されていったのである。戦後間もない時代には、繕い物や家庭洋裁による衣服、既製服で丈夫かつ実用的なものに価値が置かれていた。その後の経済復興、高度経済成長により日本人の所得は増加し、衣服、家庭電気製品、自動車など身の回りの生活財は豊かになり、東京オリンピックなどを契機とした大量生産・消費型社会を招くようになった。衣服の分野でも耐久性などの物性重視なものからおしゃれな衣服・アパレルに変わってきた。すなわち、テレビなどマスメディアの普及は日本人の衣生活をファッショナブルなものにするのに重要な役割を果たした。昭和から平成と成熟化時代を迎えるにつれ人々の価値観はますます多様化し、アパレルも感性を重視したハイセンス、ハイタッチなものに変化してきた。

ファッションは「ある時期、あることにいろいろな人々の中で大勢の人が同調、流行すること」と定義され、服飾、個人の自己表現の一つで、特に「服飾、スタイルなどの流行」といった意味で使われることが多い。このファッション化現象は、人間が何らかの形で集団社会に帰属したい、接したいという欲求の表われといえるが、単に社会帰属の欲求だけではファッション化現象は生じない。人間には常に変化を求める心、あるいは他者とは違った存在でありたいなどの欲求があり、そのような人々が今までの服飾やスタイルとは違った型を作り出し、主張をするのである。この新しい表現形式に共感する多くの人々が自己表現を行なっていくことによって流行・ファッションは作られていく。つまりアパレルは自然発生的に身体生理・保護に対する必要性から着用されはじめ、次第に社会帰属への欲求、自己実現の欲求を満たす手段に進化していったともいえよう。ファッションとはこれらの欲求の中

でも社会帰属や自尊心を満たす自己実現の欲求、自己顕示欲が複雑に絡み合った現象と見ることができる。

近年のマルチメディアや通信技術などコンピューターをベースにした科学技術の発展は情報の流れを加速し、ものの見方を帰属社会・地域・国家的なものから地球的、グローバルな総合的なものへと変わっている。ファッションにもこの視点は反映され、従来の単なる自己実現、自己満足の欲求から他者を考慮した自己の表現方法へと展開してきている。近年のファッションは、自然環境に配慮したエコロジー的な考えだけではなく人や社会環境も含め、すべての環境に配慮した素材選定や素材調達・製造・流通の過程、そして消費者に至るまでエシカル（倫理）な考えのもとに商品化されることが要求されている。ファッション産業は単なる経済的効率ばかりでは成り立たない総合的な社会・経済活動である。学問や芸術も、先端科学技術や産業も、さらには日常の生活も世界中に張り巡らされた情報ネットワーク下でリンクされ、ヨーロッパ、アメリカ、アジア、日本もすべてが相互に連関している。相互に影響を与えながら、ローカルであり、かつグローバルな視点を踏まえ融合した「グローカル」思想が新しいファッションを作り出そうとしている。

またファッションは従来の服飾、スタイルに偏重した領域から、消費者の生活を豊かにするすべての領域、生活行動・ライフスタイル、生活文化全般にかかわる領域への広がりを見せている。すなわち今日、ファッションはアパレルのみにとどまらず、食事／フード、住まい／インテリア・エクステリア、娯楽／レジャー・エンターテインメントなどすべてを包含しているのである。スポーツジムで汗を流したり、ドライブしたり、レストランで食事するのもファッションであり、これらの行動パターンは今やファッションの

領域にしっかりとインプットされてファッション産業もそれとともに拡大している。

そして今、豊かな生活、行き届いた社会福祉、熟年層に至るまで多彩な趣味とレジャーを楽しむといった社会像が描かれている。この状態をファッション産業の視点から眺めるならば、ライフスタイルと価値観の多様性が物的充足から精神的充足へと移行しつつあると判断できる。アパレルはほかの生活財商品に比べて一足早く成熟化社会のイメージをファッションとして浸透させている。消費者は新しくアパレルを購入する際、その思考は量から質へ、つまり物性・機能性や感性、地球環境保全や倫理的な要素の重視へと変化している。このような市場では商品企画の巧拙がファッションビジネスの勝敗を決するともいえる。消費者が具体化しえないでいる潜在的ニーズを敏感に市場動向からとらえ、共鳴が得られるようタイムリーに提案、商品化すれば成功率は高い。しかし、感性などの恣意的要素はめまぐるしく変化するので、当然、長続きせず大量生産・消費に結びつかない。それはビジネスとしては効率が悪いといえ、一見、拡大指向でばら色に見えるファッション産業にも意外と厳しさが潜んでいる。社会構造や消費マインドの変化の中で品質を考える時、その良し悪しの判断は難しい。それは、その商品がどんな意図で企画され設計・生産されたかに関連する。品質は企画段階で意図したものが商品にどれだけ正しく反映され、消費者にどこまで受け入れられたかによって決まるといえる。

また、アパレルに使われる原材料の多くは繊維素材（テキスタイル）であるが、それは産業用途を除けば、そのほとんどが家庭生活に密着した形でアパレル、インテリアをはじめ日用家庭用品等に加工されて使用される。テキスタイルはアパレル、インテリア製品などになるための中間材料ともいえる。したがってアパレルの品質を考える時、テキスタイルの品質も含めた形で判断を加える必要がある。テキスタイルの品質の価値判断は、それが消費者に渡る以前に、それを使用するアパレルメーカーにあって、最初になされるのは言うまでもない。テキスタイルもアパレルと同様に、その品質は製品を購入する消費者・ユーザーの要求に対する満足度と考えていい。要求に合わないものは往々にして不良品となり、トラブルにつながり、これを生産、販売ラインに乗せることはビジネス上、大きな損失につながる。

一昔前まで、アパレル素材は天然繊維、洗濯にはせっけんと決まっていた戦後の復興、物資の不足していた時代には、ほとんど科学的知識なしでも生活体験の積重ねの上で私たちの衣生活は営まれていた。しかし、現代はアパレルに用いられる素材、テキスタイルは多くなり、それらの染色、仕上げ加工もさまざまである。また、衣生活にかかわる洗剤をはじめとする漂白剤、仕上げ剤、防虫剤も複雑多岐にわたっている。これらについての正しい日常の取扱い、消費科学的知識を消費者が備えていれば衣生活は合理的に楽しむことができるが、知識・情報が不充分であれば日常の衣生活において疑問を生じたり、不便や危険を受けることになろう。自らも積極的に確かな消費科学的知識を得て、実践することが求められている。そうした時、私たちは人間とアパレルとの間で良好な関係を築き、真の生活の質の高さを実感するであろう。

表1　アパレル素材の分類

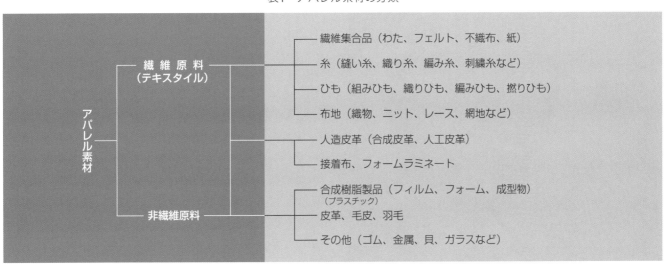

1. アパレルに求められる品質と消費性能

アパレルに求められる品質は時代とともに変わる。戦後のしばらくの間は衣服にはひたすら丈夫さ、耐久性といった物性が求められていた。その後の高度経済成長により、消費者は外観・審美性、いわゆる色柄・スタイル・シルエットを重視し、おしゃれを楽しむようになってきた。今日ではさらに、自分の着るものにこだわりを持ち、主義・主張を反映する個人志向の風潮が広まっている。消費者の価値観や生活スタイルの変化により、ファッション性は高まり、アパレルの種類・アイテム、用途も多様化してきた。その結果、要求される品質や性能も多種多様になった。また、消費者の取扱いに関する消費科学的情報、知識もマスメディアや生活体験に基づいて豊富になった。行政面も消費者保護の立場から「家庭用品品質表示法」「有害物質を含有する家庭用品の規制に関する法律」「不当景品類及び不当表示防止法」などで表示事項の拡充、製品の安全性、原産国表示などの規制を進めている。

ファッション産業界もグローバル化と流通の多様化などに対応するため「Customer's Satisfaction＝CS、顧客満足度」を高めるように努めている。すなわち、企業にはアパレルを通じて「消費者が満足する商品を提供すること」「消費者の要求や条件を充足させること」が求められている。消費者がアパレルを購入後、着用した結果、自分の要求やニーズと合った品質、消費性能を持っているか、また、その結果に満足したかが判断の基準となる。ただ、消費者の要求には、現実では次の難しさがつきまとう。

①消費者の要求は多岐にわたるのが普通で、ある消費者にとって好ましい商品でも別の消費者には不満足な商品となることもある。

②消費者の品質要求の多くは曖昧で、消費者自身要求する品質が何か充分に意識していないケースが案外多い。それでいて、品質が自分の思惑と合致していないなど、不良があった時に品質クレーム、トラブルとなって顕在化する。

③他社の競合製品がある場合は、品質は競合商品との比較により相対的に決められる。

品質の定義とは「品物の性質」であり、「JIS Z 8101 品質管理用語」によれば「品物またはサービスが使用目的を満たしているかどうかを決定するための評価の対象となる固有の性質、性能の全体」ということで品物以外のサービスについても品質という用語が用いられている。サービスを第二の品質というゆえんである。アパレルについては、具体的に数値で性能、性質を表わすことができる品質（強さ、寸法変化率、染色堅牢度など）をハード・物性の品質といい、数値化して表わすことが難しい色柄、ボリューム感、風合いといった感性的なものをソフトの品質ということができる。色柄、スタイルなどの外観、審美性は個人の感性、主観によりその良否が決定されるので、これらの項目について微妙な個人差まで考え定量的に扱うことは難しい。近年ではものの豊かさ、ハード・物性品質よりソフト・感性品質が重視されるようになってきている。これらの状況はものが豊富に出回るようになり、ハードの品質が一定水準に達して安定してきたからこそソフトへと移行したのであって、決して不要になったわけでない。確かにアパレルに要求される品質は社会情勢の変化などよってそのウェートはかなり変化する。しかし、耐久性が全く不要になったというわけではない。むしろ耐久性能は当然備えているものとして受け止められている。一方、ファッション産業界の競争が激しくなると消費者の感性に訴えるアパレルが盛んに作られ、耐久性などハード的品質がおろそかにされる傾向が見受けられる。ファッション性を追求するあまり基本的物性がクリアされないものであってはならない。

アパレルが多種多様化してくると、アパレルの品質も錯綜し、複雑化してくる。その結果、着用のしかた、洗濯、保管のしかたにおいてこれまで問題にならなかったことがしばしば問題になっている。こうしたトラブルをできるだけ起こさないためには、アパレルメーカーや小売業は製品のセールスポイントや長所ばかりでなく、短所の情報も同時にきめ細かく提供して適切に取り扱われるようにする必要がある。コストダウンを図るためのアパレルの生産性向上や色、柄、スタイルなどの魅力的価値を与える生産技術開発ばかりでなく、取扱い表示や組

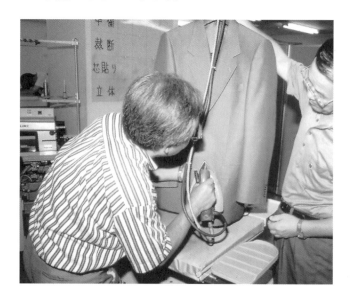

成表示などで製品の情報提供といった事柄が企業には求められる。アパレルと素材に求められる具体的な品質、消費性能は表2になる。

2. 素材に求められる品質と機能

アパレルは布地から縫製される場合が多い。アパレルの品質は、どのような布地・素材でどのようなデザインで作られるか、すなわち、布地の性質や仕立てぐあい、シルエット、サイズが体に合うかなどにより決まってくる。アパレルを企画、生産、販売する側、消費する側どちらの立場であっても、布地・素材について次の事項に注意を払うことが必要である。

①**繊維組成**……布地の繊維組成は何か。それは布地の基本的性質（強度やドレープ性、染色性など）につながる。すなわち、繊維の性質は化学成分・分子構造、繊維の太さ、形態などによっていて、それが強度や染色性、風合い、用途、取扱いに影響を与えるのである。

②**糸の種類・構造**……紡績糸かフィラメント糸か、また糸の太さや撚りのかけ方はどうなっているかなどによって強度、風合い、用途、取扱いなどは異なる。

③**布地の種類・組織**……織物、ニット、レース、組み物、ラミネートなど組織によっても各種性質が異なる。特殊な糸の使い方や組織によっては取扱いにも格別な注意が必要になる。

④**色**……染色は先染め、後染め、プリントなのかどうか。洗濯、ドライクリーニング、光などで変退色しないか、染色堅牢性はどうか。

⑤**仕上げ加工**……特殊な仕上げ加工の場合、表面感や効果などに経時変化はないか。加工の耐久性、取扱いはどうか。

⑥**付属部分**……裏地、芯地、肩パッド、ボタン、ファスナーなど付属品は布地と一緒に洗濯、ドライクリーニングが可能か。

このようにアパレルの品質にはミクロな分子レベルから布地やアパレルまでのマクロなレベルまでの諸要素が部分的、かつ相互にかかわっているのである。

アパレルに対する消費者の要求・満足度を高めるために、表2のような品質項目を取り上げ、実施するには次の事項に配慮しなければならない。

商品企画

どのような人がどのような生活シーンで着用するのか。それは健康的で知的で快適な生活をもたらすものか。商品企画において重要なことは、商品の品質が消費者の要求にどれだけマッチしているかである。初めから消費者のニーズ、要求に合わない商品は一般に購入されないので、消費者マインドをとらえた商品企画、コンセプトの立案が必要となる。これには後述の品質管理の手法が活用できる。このことは繊維素材・テキスタイルについても共通していえる。

表2　アパレルと素材に求められる品質項目

外観の美しさ	・色柄、光沢、表面効果 ・製品のシルエット、ドレープ
着心地	・機能的快適さ 　ゆとり、着脱しやすさ、軽さ、 　なじみ・フィット、動きやすさ、 　保温、吸湿、通気性 ・心理的快適さ・ファッション性 　デザイン、色柄、シルエット、風合い、 　流行、新しさ、オリジナリティ、 　ブランド、希少性
丈夫さ	・強さ 　引張り、引裂き、破裂、縫い目 ・染色堅牢性 　洗濯、ドライクリーニング、汗、 　摩擦、光 ・耐久性 　製品、素材の初期性能保持
安全性	・防炎、難燃、制電、遮光、防融 ・低・無刺激 　製品、素材、染料、薬品などで体に 　悪影響を及ぼさないこと
特殊な性能	・はっ水、透湿防水 ・吸湿・吸汗、吸水速乾 ・防虫、防ダニ、防かび ・抗菌、防臭、消臭 ・接触冷寒 ・花粉対策
取扱いやすさ	・洗濯・ドライクリーニング 　寸法変化、変退色のないこと ・アイロン・プレス 　寸法変化、表面変化のないこと ・形態安定性 　形くずれ、しわにならないこと、 　プリーツの保持 ・保管 　防虫、防ダニ、防かび
経済性	・価格 ・丈夫さ ・取扱いやすさ
環境保全性 （エコロジー・エシカル）	・省資源、省エネルギーで汚染源にならない製造工程 ・リユース、リサイクル、廃棄が可能な製品

テキスタイルの選定

　商品企画、コンセプトを具現化する条件を備えたテキスタイルを選定、発注することが重要である。耐久性、安全性、衛生性、快適性、審美性、経済性などの消費特性とその技術的限界及びコストパフォーマンスを検討する。縫製とその注意点を常に念頭に置き素材選定する。いかに企画が優れていても、それを実現するテキスタイルの設計生産技術と企画にマッチしたテキスタイルの選択眼がなければ意図した商品は生まれない。

縫製工程の品質

　完成された製品としては縫製、着用感、取扱いなどで消費者に満足感を与える品質の確保が必要である。工程の品質は商品企画を設計、生産する過程を経て実現するもので、重要な部分を占める。この工程で発生する不具合は不良品となる。不良は一般に生産のやり直しや全数選別、修正などで是正される。これらのロスや非効率は、できるだけ少なくすることが重要である。そのためには、生産現場での品質管理を適切に実施することで、常に工程の状況を把握しておく必要がある。

アフターサービス

　アフターサービスの品質とは販売後に発生する消費者の要求や、着用の際の事故にいかに適切に対応するかの問題である。個々の消費者にとって、購入商品が不良品であることは許されない。この不満をできるだけ軽減するには、万一、不良品があった場合でも迅速適切なアフターサービス、アフターケアをする事である。そうすれば不満を解消するだけでなく、再購入をする顧客、ファンを得ることも可能となる。

社会的責任

　それぞれのプロセスで発生する資源的、経営的ロスの問題である。それに対して、製品の着用で消費者本人以外の第三者や社会全般に与える影響については「社会的責任、社会貢献」と呼ばれ、今やこれらの要素を無視できない時代になっている。省エネルギー、省資源、水質汚濁・大気汚染防止などは全地球的観点からも判断、評価すべき問題として取り上げられ、法律や条令等による規制がされている。さらにPL（Product Liability）法＝製造物責任法等で法的束縛を受けるアパレル品質は、この規制の下で企画段階から安全性を考慮しなければならない。例えば、起毛トレーナーなどの表面フラッシュ、布団などでの針混入は企画段階では考えられにくいので、顕在化させないためには素材選定や作業工程分析などを計画的、組織的、継続的に行ない、リスク回避に努める必要がある。

　以上、安全で豊かなライフスタイルを創造、維持していくには、衣生活にかかわる品質等さまざまな事項の見直しと確認が重要となる。

第2章
品質管理

検反

企業は利潤の獲得を目指して活動を続け、結果的には次のような社会的使命を果たしている。
①物を生産したりサービス活動をすることにより消費者に対し、消費者が必要とする物、またはサービスを消費者が必要とする時に提供する。
②企業で働く従業員に賃金を支払うことによって従業員の生活を保障する。
③獲得した利潤の中から税金を納めることによって国や地方自治体の財政を維持させる。

したがって企業が利益を得て成長、発展をするためには、何よりも消費者に製品を買ってもらわなくてはならない。そのためには常に消費者がどのようなものを欲しがっているか調べ、消費者の欲しがっているものを適正な価格で提供する必要がある。企業が消費者に喜んで買ってもらえるような製品を作るための方法が各企業に広く普及している管理技法であり、それを品質管理（Quality Control＝QC）という。

1. 品質管理とは

品質管理とは「買い手の要求にあった品質の品物またはサービスを経済的に作り出すための手段の体系、製品の品質を一定のものに安定させ、かつ向上させるためのさまざまな管理」と、旧JIS Z 8101:1981「品質管理用語」に定義されていた（1999年廃止）。これには製造現場での品質検査のほか、非生産部門での業務遂行の質を高める総合的品質管理を含んでいる。品質管理は、企業内の一つのセクションの問題でなく、社会的な存在である企業の「社会に対する企業の姿勢」を示す窓口である。顧客満足度（Customer Satisfaction＝CS）も企業姿勢を示すキーワードであるが、存在感のある企業になるための条件として、さらに、使用後の保証もある満足（Guarantee's Satisfaction＝GS）がアパレルにも求められるようになっている。それほどまでに品質管理の役割は重要で、1995年7月に実施されたPL法によって企業の品質の社会的責任はますます増えている。また、今日の品質管理は「多品種少量、高品質高感度、短サイクル小ロット生産、クイックレスポンス＝QR；Quick Response（迅速な受注－生産－納品体制）」という時代要求に対応しながら行なわれている。

品質管理を実施していくにあたり、関連する法、企業や検査団体の自主基準などがある。
①家庭用品品質表示法の「繊維製品品質表示規程」と「雑貨工業品品質表示規程」とがあり繊維組成や取扱いの表示などが義務づけられている。
②「不当景品類および不当表示防止法」に基づいて「原産国表示」を表示する。
③「知的財産権」特許法、実用新案法、意匠法、著作権法、商標法がある。
④ザ・ウールマーク・カンパニーの「ウールマーク」など各種業界団体認定の独自の表示マーク類がある。

品質管理活動ではその活動を次の段階で考えるが、この考え方は、消費者ニーズにマッチしたいいものを提供しようとする商品企画の手順と同様である。
①設計、企画の段階
　何をどうして作るか；**Plan**の段階
②生産または実施の段階
　設計、企画の段階で決められた品質を決められた方法で作る；**Do**の段階
③検査、販売の段階
　製品の品質が決められた品質どおりであるかを調べ、標準どおりであったものだけを販売する；**Check**の段階
④調査、サービスの段階
　製品が販売され実際に消費者の手に渡った後、その製品について消費者がどのように使い、また、どのような要求を持っているかなどを調べ、消費者の使用方法に誤りがある時には正しい使い方を知らせ、もし不良品が消費者の手に渡ったような時には良品と取り替えるなどのサービスを行な

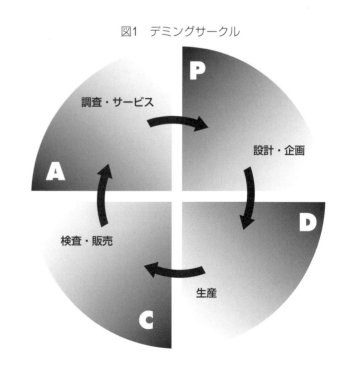

図1　デミングサークル

い、その結果、得られたクレーム情報に基づいて品質の再設計を行なう；**Action**の段階

この品質管理活動、**Plan**、**Do**、**Check**、**Action**＝**PDCA**で大事なことは、車輪の回転運動のように、常に連環し、改善運動につなげることであり、一般にデミングサークル（図1）と称されている。

2. 品質管理の実施手法

品質管理の本質は、いいものを作り、適正な価格で売ることである。それには、何よりもまず不良品を作らないことである。良品も不良品も作るには同じだけの経費やエネルギーがかかる。したがって不良品が少なければ少ないほど製品（良品）1個あたりのコストは低くなるので、いいものを適正価格で売って利益を上げる最も合理的な方法は不良品を作らないことである。

そのためには、

①**不良品を作らないように絶えず工程を管理すること**

良品も不良品も生産現場で作られる。したがって生産工程を常に良品ができるような状態に保つことができれば、不良品はできないはずである。そのための活動を管理という。品質管理における管理とは「いろいろな作業をしようとする時は、まず、作業のしかたについてその標準を定め、次にその標準どおりの作業を行ない、作業の行なわれている過程において、作業が標準どおり行なわれているかどうかを常に監視し、標準どおりに作業が行なわれていればいいが、もし標準から外れている時には、直ちに標準から外れた原因を確かめ、その原因を取り除くことによって、二度と同じ原因によって作業の状態が標準から外れることのないように修正処置をとることである」と定義されている。したがって、このような意味での管理が徹底している工程からは、不良品ができるはずはなく、でき上がった製品の品質を改めて検査する必要もない。このようにして、不良品の発生を未然に防ぎ、検査の手間を省くことによって製品のコストを下げることが品質管理という技法である。

②**生きた標準化を実施すること**

品質管理という活動を行なううえで必要なことは、まず「標準を定める」、すなわち標準化である。標準化は、ただ単に生産工程についてのみでなく、営業部門や販売部門に至るまで企業活動の全域にわたって進められることが望まれる。どんな活動でも標準を定めておくことによって、管理の基準とするのみでなく改善の足がかりとすることもできる。

③**重点実施を図ること**

品質管理を進める場合、生産活動、経営活動のすべての面においてあらゆる項目について標準化を行ない、徹底した管理を行なうことが理想であるが、そのようなことをするには膨大な手間と経費がかかり、全体としてかえってマイナスになる場合が多い。したがって管理項目の中から、最も経済効率の上がりそうなものを選び出し、重点的に実施することが必要である。これを重点実施といい、実施のための問題点を見つけ出すには、一般にパレート図（図2）や特性要因図（18ページ図3）が用いられる。

④**統計的な考えに基づき、統計的な手法を活用すること**

品質管理を科学的に進めていくためには、製品の品質や工程の状態をなんらかの形で誰が見てもわかるように具体的に表わすことが必要である。そのために最もいい方法は、それらをはっきりと数値で表わしてやることである。その方法としては品質や工程の状態を測定したり、なんらかの方法で1、2、3……などの点数をつけたりする方法が考えられるが、いずれにせよ得られるデータは、常にあるばらつきを持っており、また製品や工程のすべてについてデータを取ることは一般に不可能である。したがって、得られたデータによって品質や工程の状態のばらつきの様子を表わ

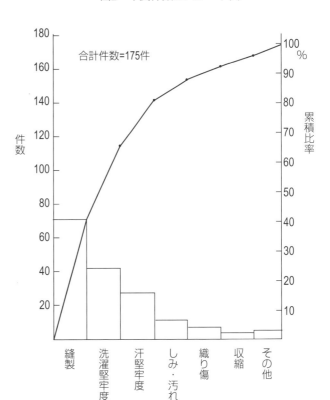

図2　不良件数のパレート図

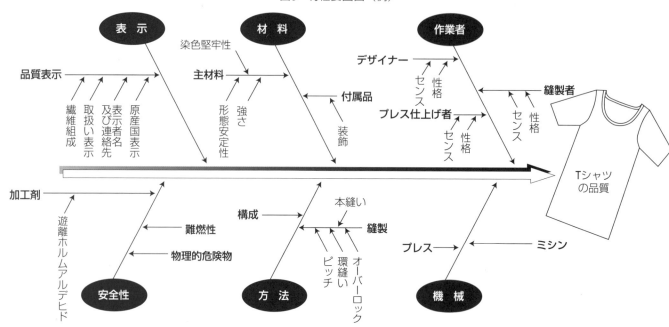

図3 特性要因図（例）

したり、わずかのデータによって全体の特性を推測したりすることが必要になってくる。このような目的で用いられるのが統計的手法である。

3. アパレルにおける品質管理上の特徴

アパレル企業にとって品質は重要な課題である。しかし、いたずらに過剰品質である必要はなく、消費者は品質の良し悪しを製品の価格と実際上の用途との兼合いで考え、リーズナブルプライスを求めているのである。少なくとも企業は収益性を考えながら同時に品質を無視することはできない。企業が商品展開するにおいて、重要な要素には品質、量、納期、コストがあげられる。一方、消費者は必要な時に必要なものが手に入り、色柄・デザイン、寸法や出来映えが要求と合致しており、買える程度の価格でなければ購入につながらない。採算限度内で、できるだけ高い品質水準の商品を提供するには、企業がそれぞれの品質に対する明確なポリシーを持たなければならない。消費者の要求に適合する品質については「企画－生産－品質検査、販売－消費者情報、市場調査－PDCA・デミングサークル、商品化計画」の中でどの程度の品質レベルとするか常に考えておく必要がある。

消費者の購入、着用、廃棄段階でのアパレルに関する要求項目は次のとおりである。
①購入時
　デザイン、色柄、風合い、寸法、出来映え、品質

②着用時
　着心地（肌ざわり、着やすさ、動きやすさ）、耐洗濯性（形くずれ、収縮、縫い目の状態）、染色堅牢性、布地・縫い目の強さ、取扱いやすさ（洗濯、アイロンかけ、クリーニング）、保管、経時変化（ピリングの発生、形態の安定性）、付属材料の適否、安全性（皮膚障害、経口毒性、難燃性）
③廃棄時
　寸法変化、しみ、汚れ、経時変化の状況

4. 苦情への対応

消費者は、製品のデザイン、色柄、品質などと価格の関係が納得した状況である時購入するので、購入段階で製品に初めから不満を持つ人はいない。したがって苦情が発生するのは製品を購入後、次の場合である。
①製品の品質、機能が期待どおりでない。
②洗濯、クリーニングなどなんらかの作用によって、製品の初期品質、機能が損なわれた。

①の場合は、製品の品質（防しわ性、はっ水性など）が消費者の思惑を下回っている場合に起きるもので、消費者の要求や使われ方を充分に把握する必要がある。販売時に機能や性能を充分に説明し、要求品質と供給品質の整合化を図る必要があり、また、商品の使われ方がメーカー、企業の意図したものでない時は、本来の性能が発揮されず、不満が発生することがあるので、販売時の正しい取扱い方の説明も大切である。

②の場合は製品の本来の働きが得られなくなった時（ピリングの発生、洗濯・クリーニングによる色落ち、収縮など）に起こるもので一般的にいう品質クレームであり、多くの場合は設計・企画や生産における品質管理活動の欠陥によって発生する。生産工程が不良で発生した苦情については再発防止が可能な情報が多い。消費者クレームに関しては、あらゆる情報源を活用し、その収集に努力する必要がある。クレーム情報がないということは必ずしも不満やクレームがないということではない。情報のパイプがなければ情報は流れてこないし苦情に気づかないこともある。企業にあってはクレームを受け付ける窓口がないこともある。

また、製品価格が安い場合、消費者は不満があってもクレームとして表面に出さず、次の購入機会では他社製品を購入し、顧客を失うこととなる。

今日、多くのアパレル企業では企画、生産、物流、販売にコンピューターシステムが導入されている。それらを有機的に結合させた情報通信機器やアパレルトータルコンピューターシステムが稼働しているので、店頭での消費者情報もリアルタイムで収集できる時代になっている。大切なことは、アパレル企業だけではいいものは作れないので、得られた情報は社内での品質管理活動に反映させるだけでなく、テキスタイルメーカー、副資材メーカー、縫製工場の生産チームほか物流業、倉庫や保管業に至るまで一貫したところで情報を共有し、品質の向上を目指さなければならない。したがって、トータル的アパレル品質管理を実践するにはすべての業種間、川上（原糸、紡績メーカーなど）、川中（織物、ニット、染色加工メーカーなど）、川下（アパレルメーカー、小売業、クリーニング業など）で苦情の内容・状況、問題点や改善提案などデミングサークルのような相互つながりのある品質管理活動が望まれる。

写真1　ピリング

写真2　変退色

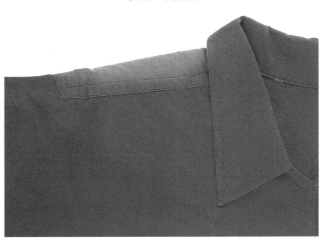

陳列中の照明（蛍光灯）で肩部が色あせたシャツ

写真3　引きつれ（スナッグ）

摩擦や引っかかりによって、モール糸が引き出された状態（スナッグ）

第3章
繊維製品の品質評価

写真提供：（一財）ニッセンケン品質評価センター物性試験室

繊維製品は他の生活財と際立って異なる品質管理、商品企画上の特徴があり、それは、製品の多様性と変化の激しさである。

①消費者・着用者の多様性（年齢、性別、体型、所得水準、居住地域などによる違い）
②用途・着こなしの多様性（生活シーンの広がり、TPOに伴う服種の多様性）
③デザイン・素材の多様性（色柄、デザイン、素材、サイズ、品質レベル、加工などによる違い）
④価値判断の多様性（ライフスタイル、流行、個人及び帰属集団の嗜好性などによる違い）
⑤その他　季節と気候、価格

　これだけ企画、生産上で大きな特徴があるので、アパレル・ファッション製品の重要な構成要素である素材・テキスタイルにおいても原材料、糸、生地組織、仕上げ加工方法、風合い、品質レベルなどできめ細かな対応が求められる。テキスタイルも丈夫さ、色柄・風合いなどの物性、感性面の造形要素だけでなく、価格、納期・タイミング、ロット、縫製上の問題（縫い、芯地とのなじみ、中間アイロン温度）などの製品化のための生産要素の検討が必要である。今日では、新しいタイプの化合繊が次々と開発され、テキスタイルの役割はさらに重要になっている。テキスタイルの選定は商品企画、デザイン決定の過程で重要な部分を占める。有能なデザイナーはテキスタイルの色柄、風合いから服種・アイテムやデザイン・シルエットがイメージできるという。テキスタイルの素材感がデザイナーの創造性を刺激して新しいファッションを生み出すのである。

　アパレルの付加価値はテキスタイルの段階で形成されることが多い。テキスタイルは中間資材でありながら加工度が高く、かなりの付加価値を備えている。テキスタイルが決まればアパレルの種類、デザインの方向性はある程度決まってくる。逆にいえば、テキスタイルは汎用性に乏しいのである。

　テキスタイルの商品企画は最終製品、アパレルを前提としているので店頭で販売される製品のシーズンを念頭に置いておくことが必要である。この店頭販売シーズンに合わせて、約6か月前にアパレル企業は小売業など顧客向けに展示会を開催する。アパレル企業が布地の選定をし、商品企画がスタートするのはその展示会のさらに約6か月前にさかのぼる。したがってテキスタイルメーカー、生地商の展示会はそのタイミングに合わせて開催される。アパレルメーカーが企画をスタートしてから商品が店頭にそろえられるまで約1年間かかるのである。テキスタイルメーカーはそれにまにあうよう、企画を立てることになる。よって、繊維、糸のベース素材から開発する場合ではテキスタイルメーカーは店頭販売の約2年前に企画を立ち上げなければならない難しさがある。このような条件下で市場適応度を高めるために必要なのは、確かな情報に基づく企画・コンセプトの立案、設計、生産、検査・販売、調査・サービス；PDCAの実践にほかならない。これらの業務を効率化するためCAD、CAM、CIM、POSなどや、情報通信機器の導入は必須である。

1. 品質評価試験の種類

　繊維製品の品質評価の根底にあるところは、製品用途に適合した品質であること（含む副資材、付属品）、素材性能基準（織物、ニットなど）、素材外観基準を満たしていること、素材品質と製品品質との違いを理解することである。具体的にテキスタイル、アパレルに対して使用される主なJIS日本産業規格（産業標準化法に基づいて制定される国家規格）の品質評価試験の種類を示す。

①**染色堅牢度**……生産中の作業工程（縫製、仕上げ、貯蔵など）、流通過程（運搬、展示、包装など）、あるいは消費者の使用（着用、保管、洗濯、ドライクリーニングなど）で、いろいろな化学的または物理的な作用を受ける。それらの作用に対する染色の抵抗度合いを染色堅牢度という。テキスタイルの色、物性などとともにテキスタイル・アパレルの実用性能に関する重要な要素である。

②**寸法変化率**……繊維製品は着用やその後の洗濯、ドライクリーニング、アイロン処理により収縮などの寸法変化を起こすことがある。そのため、事前に寸法変化試験を行ない、その結果を寸法変化率（％）で表わす。寸法変化は製造工程の問題だけではなく繊維の種類、糸や布地の構造、製織後や製品化した後の仕上げ・製品加工、防縮加工の有無などが関係している。素材特性を考慮した取扱い方法の選択も重要である。

③**縫い目滑脱性（縫い目強さ）**……密度の粗い織物やフィラメント糸を使った表面の平滑性の高い織物、また必要以上に減量加工したものなどは組織している糸が滑りやすく、縫い目が小さい力でスリップし、着用中に破断してしまうことがある。縫い目滑脱性はアパレルの生産、消費段階の両面でも重要な因子である。

写真1　縫い目の滑脱試験機

④**強度**……織物の強さには引張り、引裂き、破裂強さのほかに、摩耗などいろいろの面から見た強さがあり、これらを総合した結果が、耐久性の大小、目安と考えられる。強さは材料が破壊されるまでどれだけの外力に耐えられるかという抵抗力を表わす場合と、一定の大きさの変形を与えるのに要する外力をもって表わす場合とがある。引張り強さは一般には前者が用いられている。また伸びについても、主として引張り伸度で強さの試験方法と一緒に規定されて、引張り強さの破壊に至るまでの伸び量を試験片の長さの百分率で表わしている。引張り、引裂き強さは実際の着用時の性能を必ずしも直接表わすものでないが、製品の均一性や物理化学的変化を受けたテキスタイルの劣化、脆化の度合いを調べるのに有用である。摩耗強さは主として表面的な摩擦と内部的な屈曲、引張り、圧縮など複雑な作用によるもので形態的、機能的性質を低下させる。摩耗することによって、布地の厚さやほかの強さ、保温性などは減少し、通気性は増加し外観も低下する。

写真2　引張り強度試験機（ストリップ法）

写真3　引裂試験機（ペンジュラム法）

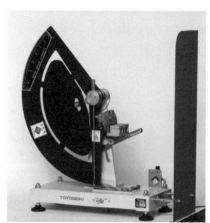

写真4　破裂試験機（ミューレン形法）

⑤ピリング……アパレルを着用していると布地表面の摩擦のため、表面が次第にけばだってきて、やがてそのけばの先端が近くのけばと絡み合い無数の毛玉になることがある。この毛玉をピリングといい、布地の摩耗過程の一現象と考えられる。ピリングの発生しやすさは組成する繊維や布地の構造にも大きく影響される。一般に糸の撚り数の少なく風合いの柔らかいもの、密度の粗いものではピリングが発生しやすい。ピリングが起こると外観や着心地を著しく損なう。

写真5　ピリング試験機（ICI形）

回転箱内部

ピリング試験後の布

⑥防水性……主なものには耐水性とはっ水性がある。これらはレインコート、傘、テントなどで必要とされる性質で、防水性を高めるためには仕上げ加工を行なう。これには、不通気性加工と通気性加工がある。不通気性加工は織物表面にゴムなどを全面コーティングする場合のように、織物のすきまを完全に埋めてしまうものであり、当然耐水度は大幅に改善されるが通気性、透湿性に欠け、アパレル素材としては不適切である。適度な通気性を有しているのが通気性加工でレインコートに使用される。はっ水性試験は、原則として通気性のある繊維製品に適用するもので、所定の装置を用いて試験片表面に水を散布し、ぬれの状態を採点する。はっ水性とは水を布地表面よりはじく性質で、繊維の性質、糸の太さや密度、織物の厚さや表面などに関係し、普通、仕上げ加工でなされる。

⑦防しわ性、プリーツ性……しわはアパレルの着用中や洗濯・クリーニング、また、保管中に外力によって布地に不規則な折曲げ部分が生じ、外力が取り除かれても元の状態に戻らずその形が残ることによって発生するものである。しわの発生はその程度によってアパレルの外観を著しく損ない、アパレルの形態保持にかかわる重要な性質の一つである。スラックス、スカートの布地を高曲率で折り曲げ、積極的に折り目状のしわをつけたものがプリーツである。これらは糸の太さ、織り密度、織り組織など構造面からの影響も受けるが、繊維素材自体で防しわ性が低いのは綿やレーヨンなどのセルロース系織物である。このため、これらの織物にはしばしば混紡や仕上げ加工が施される。合成繊維は防しわ性は高い反面、熱可塑性があり熱セットでプリーツ加工することができ、その加工効果には恒久性がある。

⑧燃焼性……織物など繊維製品の燃焼性は、直接的な意味での消費性能には関係ないが、特殊な状況下では重要な性質である。これらの燃焼性は繊維素材自体の性質（綿、レーヨンなどは易燃性、毛、絹は難燃性）によって多くが決まるものの、そのほかの外界の環境条件も大きく影響する。繊維に耐燃焼性を付与するためには各種の仕上げ加工がされる。

⑨その他……表面フラッシュ、スナッグ、パイル保持性や特定芳香族アミン、遊離ホルムアルデヒドなどの有害物質に関する試験がある。

2. 品質評価試験方法

(1) 染色堅牢性

染色された繊維製品は、光、汗、摩擦などの影響や洗濯、漂白、ドライクリーニング、アイロンといった処理により、変化や退色（色あせ）、白場への汚染（色泣き）、ほかの製品への色移り（汚染）等が生じることがある。このように染色物が受ける各種作用、処理に対する色の抵抗性を染色堅牢性といい、その程度を試験し判定したものを染色堅牢度という。染色堅牢性は外観性能の中でも重要なものであり、消費者からの苦情も多い。そのため、事前に各種染色堅牢度試験が行なわれている。

1) 染色堅牢度とは

「JIS L 0801 染色堅ろう度試験方法通則」では染色堅牢度とは「繊維製品の製造工程、または、その後の使用および保管中のいろいろな作用に対する色の抵抗性を意味する」と定義されている。したがって染色堅牢度を向上させるためには、堅牢性のある、質のいい染料を使用して、その染料に適した素材を用い、染色技術、方法にも充分注意を払うことが必要である。アパレルは使用目的、用途によって外部から種々の刺激を受ける。特殊な場合を除き、色落ち、色あせしないことが望ましい。スポーツウェア、仕事着、ホームウェアには、光、汗、摩擦、洗濯、ドライクリーニングなどに対する染色堅牢性が必要である。例えば、カーテン地では、光、洗濯などに対する染色堅牢性は必要であるが、摩擦などによる染色堅牢性はあまり必要ではない。JISではL 0801～0891に各種の項目が規定されており、服種、用途に合わせた堅牢度の試験方法で行なうといい。

2) 染色堅牢度の判定基準と各種試験方法

各種の染色堅牢度試験を行なった結果については、等級で表わす。試験片（染色布）の変化を変退色用グレースケール（標準灰色色票甲）を用いて、変退色の度合いを判定する。また試験片に添付した白布の変化は汚染用グレースケール（標準灰色色票乙）を用い、汚染の等級をつける。いずれの等級も1級から5級まであり、5級が最高で、1級が最低の染色堅牢度を示す。また、耐光堅牢度の変退色はブルースケール（標準青色染布）を用い、1級から8級までで判定し、8級が最高の堅牢度を示す。なお、試験片に組み合わされる添付白布は、素材、組合せ方がJISで決められている。

次ページに染色堅牢度の主な試験方法を示す。

写真6　染色堅牢度の判定（撮影：ニッセンケン）

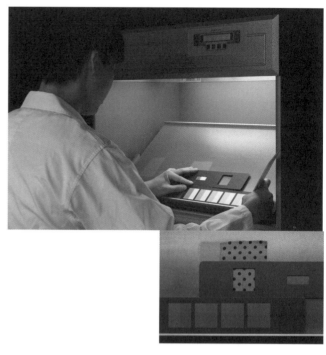

写真7　グレースケール

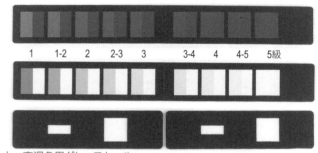

上　変退色用グレースケール、
中　汚染用グレースケール、
下　カバーマスク

表1　堅牢度の等級

堅牢度の等級	評価	
	変退色および汚染	程度
1 級	著しい	劣
2 級	やや著しい	
3 級	明瞭	
4 級	わずか	
5 級	認められない	優

※ グレースケール判定

表2　耐光堅牢度の等級

耐光堅牢度の等級	程度
1級	劣
2級	
3級	
4級	
5級	
6級	
7級	
8級	優

※ ブルースケール判定

表3　変退色の記号及び意味

変退色の種類	記号
黄みになる	Y
赤みになる	R
青みになる	Bl
緑みになる	G
さえる	Br
くすむ	D
濃くなる	Str
うすくなる	W

出典：JIS L 0801：2011

①光に対する染色堅牢度の試験方法（JIS L 0841）

　光に対する堅牢度を耐光堅牢度という。光源の種類により、日光に対する試験方法と、人工光源を使用する紫外線カーボンアーク灯光及びキセノンアーク灯光に対する試験方法があり、多くは人工光源を使用する。色の変化の判定には共通してブルースケールを用い、試験片が目的のブルースケールと同等の堅牢度を持っているかどうかを判定する。露光の方法は第1～第5露光法があり、具体的には各試験方法に規定されている。

写真8　耐光試験機（撮影：ニッセンケン）

②洗濯に対する染色堅牢度試験方法（JIS L 0844）

　洗濯（水洗い）に対する堅牢性を見る試験方法で、試験片と添付白布を組み合わせた複合試験片を規定の方法に基づいて洗濯液に入れて処理し、水洗い（すすぎ）、乾燥後、試験片の変退色と添付白布の汚染の程度を判定する。この方法には家庭洗濯と専門業者における強い洗濯などにも対応できる方法がある。

表4　添付白布の組合せ（B法）

試験片	第1添付白布	第2添付白布
毛	毛	綿
絹	絹	綿
綿	綿	毛
レーヨン	レーヨン	毛
アセテート	アセテート	レーヨンまたは綿
ナイロン	ナイロン	毛または綿
ポリエステル	ポリエステル	毛または綿
アクリル	アクリル	毛または綿

出典：JIS L 0844：2011

写真9　洗濯試験機（ラウンダオメーター）

③汗に対する染色堅牢度試験方法（JIS L 0848）

　この試験は、複合試験片を規定の方法に基づいて人工汗液で処理し、取り出して乾燥後、試験片の変退色と添付白布の汚染の程度をそれぞれ変退色用グレースケール、及び汚染用グレースケールと比較してその堅牢度を判定する方法である。人工汗液には、酸性人工汗液とアルカリ性人工汗液を使用する。

写真10　汗試験機

④摩擦に対する染色堅牢度試験方法（JIS L 0849）

　摩擦試験機を用いて、規定の方法に基づき、試験片と摩擦用白綿布とを組み合わせて摩擦し、摩擦用白綿布への着色の程度を汚染用グレースケールと比較して、その堅牢度を判定する。試験方法には乾燥試験と、湿潤試験とがある。JISの中には規定されていないが試験片の試験後の変化を観察し、着用時の布と布とのこすり合い、摩擦への対応の参考にすることができる。

写真11　摩擦試験機

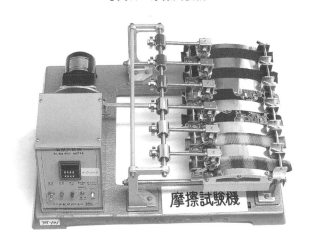

⑤ホットプレッシングに対する染色堅牢度試験方法（JIS L 0850）

試験片と白綿布を乾熱試験機、電気アイロンなどを用いてホットプレッシングし、変退色と汚染の程度を判定する。共に乾燥試験と、湿潤試験とがある。電気アイロンで行なう方法は、容易に試験ができるので試してみるといい。グレースケールがなくても、変退色、汚染は試験をしていない原布と視覚で見比べ、観察することができるので応用してみるといい。

図1　電気アイロン法

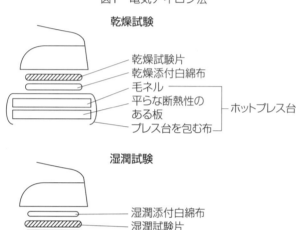

写真12　乾熱試験機

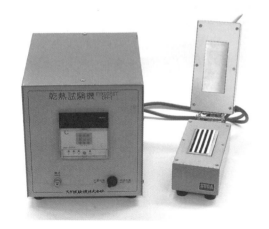

⑥ ドライクリーニングに対する染色堅牢度試験方法（JIS L 0860）

ドライクリーニングに使用される有機溶剤に対する染色物の堅牢性を見る試験。試験片と多繊交織布（表5）を組み合わせた複合試験片を規定の方法に基づいて処理し、変退色と汚染の程度をそれぞれ判定する。試験液はパークロロエチレンまたは工業ガソリン5号（クリーニングソルベント）だけを用いる方法と、どちらかの有機溶剤に陰イオン界面活性剤と非イオン界面活性剤と水を加えた液で試験をする方法とがある。試験機は洗濯試験機を用いる。水洗いできないアパレルは一般にドライクリーニングが行なわれているので、販売する前に洗濯堅牢度、ドライクリーニング堅牢度ともに試験をし、確認をしておくといい。ただし業者が行なう洗濯処理方法は堅牢度試験とは異なる点があるので、堅牢度試験の結果が4級、5級であっても製品の取扱いには注意を要する。

表5　多繊交織布の構成（交織1号）

たて糸、よこ糸の別	素　材
たて糸	綿糸
	ナイロンフィラメント糸
	アセテートフィラメント糸
	梳毛糸
	レーヨンフィラメント糸（ブライト）
	アクリル紡績糸
	絹糸
	ポリエステル紡績糸
よこ糸	ポリエステル紡績糸

出典：JIS L 0803：2011

このほか、今まで述べてきた堅牢度試験方法以外に
L 0845「熱湯に対する染色堅ろう度試験方法」
L 0846「水に対する染色堅ろう度試験方法」
L 0847「海水に対する染色堅ろう度試験方法」
L 0854「貯蔵中昇華に対する染色堅ろう度試験方法」
L 0856「塩素漂白に対する染色堅ろう度試験方法」
L 0888「光及び汗に対する染色堅ろう度試験方法」
などがある。

また、洗濯、水、海水、汗、摩擦、ホットプレッシング、塩素漂白、ドライクリーニング等に対する堅牢度試験はISO（国際標準化機構）にも対応する方法である。JISには各種の試験方法が規定されているが、実際には、服種、品目によって試験方法や、基準値を採用し、評価するといい。消費者は、製品を着用することにより、日光にさらしたり、汗をつけたり、また洗濯、ドライクリーニング、アイロン仕上げなどの取扱いを繰り返し行なっているが、これらの点に試験と実際に用いる場合との差は多少出てくる。

染色堅牢性を向上させるには、染剤の品質、繊維との適正、素材に合った染色方法や条件（染色濃度、浴比、染色時間、加熱温度等）、染色後のすすぎ、フィックス処理など様々な管理が必要である。

納期が短いなどの理由で、染色時間やすすぎ工程が短縮され、未染着の染料が残留することもある。昇華性のある分散染料の中には、染色後の生地や製品の保管環境や運搬方法にも注意が必要なものがある。

表6　各種染剤の堅牢性

染剤の種類＼作用	光	洗濯	水	摩擦	汗
直接染料	×	×	△	○	△
酸性染料	○	△	◎	○	○
塩基性染料	×	×	○	○	×
金属錯塩染料	◎	◎	◎	○	○
媒染染料	◎	◎	○	○	○
酸性媒染染料	◎	◎	○	○	◎
建染め染料（バット）	◎	◎	◎	△	○
硫化染料	◎	◎	◎	△	◎
ナフトール染料	○	◎	◎	×	◎
分散染料	△	△	○	○	△
反応染料	◎	◎	○	◎	○
顔料樹脂	◎	◎	◎	×	◎

◎＝特に優れている　○＝良好　△＝やや低い　×＝低い

表7　染剤と繊維の染色適合性

染剤＼繊維＼染法	直接	酸性	金属錯塩	塩基(カチオン)	酸性媒染	建染め(バット)	硫化	ナフトール	分散	反応	顔料
	直接染法				媒染染法	還元染法		発色染法	分散染法	反応染法	固着染法
綿・麻・レーヨン	○					◎	◎	○		◎	◎
毛・絹	○	◎	◎	○	◎					○	○
アセテート						○		○	◎		○
ナイロン	○	◎	◎	○	◎			○	○	○	○
ポリエステル									◎		○
アクリル		○	○	◎					○		○
ビニロン	○			○		○	○	◎	○		○

◎＝最適の染色性　○＝染色可能

(2)形態安定性

繊維製品は使用に伴い、寸法や外観・風合いに変化が生じてくる。著しい場合は着用不可能となることもある。企業においては製品を作る前にその素材の性質として寸法変化実験を行なう。その結果から生地特性を把握し、製品作りに活用する。また、消費者へその製品の情報として伝えるいい材料となる。

1）寸法変化

「JIS L 1096 織物及び編物の生地試験方法」に寸法変化試験方法がある。

縫製された衣服やカーテンなど繊維製品の寸法変化測定については「JIS L 1909 繊維製品の寸法変化測定方法」があり、変化率の算出方法について共通の計算方法が規定されている。

①試験の種類と処理方法

試験の目的や布地、製品の素材や用途により試験方法を選択し処理を行なう。（表8）

脱水・乾燥方法は、試験の種類ごとに定められており、遠心脱水のほか、乾燥方法については、ライン乾燥、スクリーン乾燥、タンブル乾燥（表9）などがある。乾燥後の処理として必要に応じてアイロン処理を行なう。

②寸法変化の測定と計算

試験前にたて糸方向、よこ糸方向に一定長のマーキングを行ない、試験後そのマーキング長を測定する。

試験前と試験後のたて糸方向、よこ糸方向について、それぞれの長さ変化を次式により寸法変化率として算出する。

$$寸法変化率 = \frac{L_2 - L_1}{L_1} \times 100$$

L_1＝処理前の長さ（mm）
L_2＝処理後の長さ（mm）

注：寸法変化率がプラス（＋）を示す場合は伸び、
　　マイナス（－）を示す場合は縮みを示す。

適切に仕上げ加工された布、または必要に応じて防縮加工され、しかも地直しをした布は洗濯をしても寸法の変化が小さい。製造メーカーや販売業者ごとに素材や用途に応じた寸法変化率の評価基準があるため、その範囲に収まるように充分注意しなければならない。

表8　寸法変化の試験方法

試験項目	試験の種類	
浸漬処理方法	A法（常温水浸漬法） B法（沸騰水浸漬法） C法（浸透浸漬法） D法（せっけん液浸漬法）	
洗濯処理方法	E法（洗濯試験機法） F法（ワッシャ法）	F-1法（低温ワッシャ法） F-2法（中温ワッシャ法） F-3法（高温ワッシャ法）
	G法（家庭用電気洗濯機法）	
プレス処理方法	H法（プレス法）	H-1法（乾熱加圧法） H-2法（蒸熱オープン法） H-3法（蒸熱加圧法） H-4法（蒸熱ロック法）
ドライクリーニング処理方法	J法（ドライクリーニング法）	J-1法（パークロロエチレン法） J-2法（石油系法）

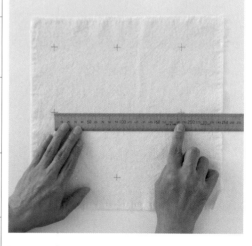

写真13　寸法変化、測定の様子

表9　乾燥方法試験処理方法とともに、乾燥方法についても試験報告書に付記する

自然乾燥	ライン乾燥（つり干し）	ライン乾燥	ライン乾燥には脱水後及び無脱水による方法があり、伸びやすい編み地には用いないほうがいい
		ドリップ・ライン乾燥（無脱水つり干し）	
	スクリーン乾燥（平干し）	スクリーン乾燥	スクリーンメッシュまたは類似の孔のあいた面上に乗せ広げて乾燥
		ドリップ・スクリーン乾燥（無脱水平干し）	
熱乾燥	タンブル乾燥（乾燥機）	低温タンブル乾燥	60℃を超えない温度
		高温タンブル乾燥	60℃以上80℃を超えない温度

2) 外観・風合い変化

繊維製品の実用試験においては、取扱い表示どおりの家庭洗濯やドライクリーニング処理を行ない製品の寸法変化率とともに外観や風合いの変化を確認する。

外観変化には、しわの発生、毛玉の発生、光沢の発生や艶の消失、けば立ちやけば方向の変化等がある。風合い変化には、ハンドリングによるかたさ、柔らかさなどがある。そのほか、プリーツ保持性や防しわ加工の評価を行なう判定基準（実物レプリカ）もある。

①プリーツ性

「JIS L 1060 織物及び編物のプリーツ性試験方法」では、開角度法、糸開角度法、伸長法及び外観判定法の４種の試験方法が規定されている。外観判定法は、洗濯・乾燥を繰り返した試料を判定基準（写真14）と比較し評価するもので、ズボンのセンタープレスなどの評価に使用される。

写真14　プリーツ判定基準（AATCCのレプリカ）

②しわ

しわは、縫製条件、着用、洗濯、乾燥、アイロンやプレス機などにより発生する。形態安定シャツとして販売される製品の性能評価として、アパレル製品等品質性能対策協議会が定めるウォッシュ＆ウェア性（W&W性）の試験方法がある。所定の試験を行なった試験片としわの判定基準（写真15）とを比較し評価する。

写真15　しわ判定基準（AATCCのレプリカ）

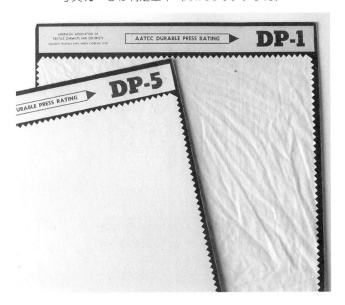

そのほか、衿やカフスの保形性や、シームパッカリング（縫い目のつれ、しわ）について、判定基準（写真16）と比較し、各部位の縫い目の評価を行なう。

写真16　シームパッカリング判定基準

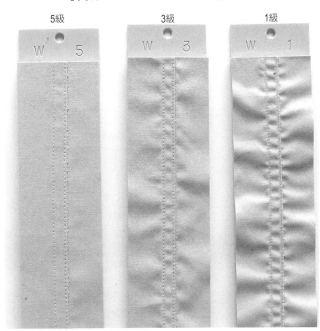

表10　外観審美性の構成要素と試験方法

大分類	中分類	小分類	備考	試験方法　※JISとのみ記載されているものはJIS L 1096（織物及び編物の生地試験方法）である
1.外観審美性	1.1テクスチャー	1.1.1使用繊維の材質感 1.1.2糸の形態 1.1.3組織 1.1.4表面の状態（凸凹） 1.1.5嵩性（ボリューム感） 1.1.6ドレープ	意匠糸（ネップヤーンなど） surfaceinterest	嵩性(cm^3/g)＝厚さ(cm)／目付(g/m^3) JIS剛軟性（ドレープ係数）
	1.2色・柄	1.2.1色相 1.2.2彩度 1.2.3明度 1.2.4色の調和 1.2.5模様、柄 1.2.6光沢 1.2.7透明度	白度 蛍光白度	JIS Z 8721（色の三属性による表示方法） 〃　〃 8722（物体色の測定方法） AATCC110-1964T（Reflection blue and whiteness of blea-ched fabric） JIS光沢度 JIS Z 8741（光沢度測定方法） 光透明度IA／IB×100（ルックスメーター、分光光度計使用）
	1.3衣服構成	1.3.1流行の加味 1.3.2シルエット 1.3.3デザイン・ディテール 1.3.4付属品 1.3.5仕立上りのよさ	全体的な仕立て映え	

表11　着心地の構成要素と試験方法

大分類	中分類	小分類	備考	試験方法
2.着心地	2.1衛生機能	2.1.1吸湿性 2.1.2吸水性（吸汗性） 2.1.3放湿性 2.1.4通気性 2.1.5保温性 2.1.6衣服内の空気環流性 2.1.7対皮膚性 2.1.8経皮・経口毒性	透湿性；JIS参考試験法 JIS Z 0208（防湿包装材料の透湿試験方法） 浴衣の涼しさ 有害物質を含有する家庭用品の規則に関する法律	JIS吸水性、JIS吸水率 JIS乾燥速度 JIS通気性 JIS保温性 左同法律施行規則（3.2.6法規制品質項目と基準を参照）
	2.2風合 （肌ざわり）	2.2.1厚さ 2.2.2目付 2.2.3腰（曲げ剛さ） 2.2.4瞬間的温冷感 2.2.5表面摩擦係数 2.2.6匂と味		JIS厚さ JIS単位面積当りの質量 JIS剛軟性、JIS曲げ反撥性、JIS伸長弾性率 JIS圧縮率及び圧縮弾性率、KES風合試験機 実公昭43-3107（実用新案公報）
	2.3運動機能	2.3.1サイズの適否 2.3.2動作・着脱のしやすさ 2.3.3素材の緊迫力 2.3.4動的ドレープ性 2.3.5表面摩擦係数 2.3.6制電性	型紙、ゆとり量、生地の伸縮性 ファンデーション・靴下 裾ばきなど	JIS伸長弾性率、JIS伸縮織物の伸縮性 AATCC115-1965T（Electro-static Clinging fabrics） JIS L 1094（織物および編み物の帯電性試験方法）

表12 耐久性（初期性能の保持）の構成要素と試験方法

大分類	中分類	小分類	備考	試験方法 ※ JISとのみ記載されているものはJIS L 1096（織物及び編物の生地試験方法）である
3.耐久性（初期性能の保持）	3.1強靭性	3.1.1引張強さ 3.1.2引裂強さ 3.1.3破裂強さ 3.1.4摩耗強さ 3.1.5衝撃強さ 3.1.6破壊仕事量 3.1.7縫目強さ		JIS引張強さ及び伸び率 JIS引裂強さ JIS破裂強さ JIS摩耗強さ JIS L 1093（繊維製品の縫目強さ試験方法） JIS滑抜抵抗力（縫目滑抜法）
	3.2変退色	3.2.1染色堅牢度 3.2.2黄変、褐変、黒ずみ	光、洗濯、水、海水、汗、摩擦、ドライクリーニングなどによる変退色	染色堅ろう度試験方法JIS L 0801～0891
	3.3生地表面形態変化	3.3.1悪光り 3.3.2けばだち、ピリング、スナッギング 3.3.3しわ、波打ち 3.3.4け（パイル）抜け	あたり、てかり	JIS L 1058（織物及び編み物のスナッギング試験方法） JIS L 1076（織物及び編み物のピリング試験方法） JIS防しわ性、JIS洗濯後のしわ JIS L 1075（織物及び編み物のパイル保持性能試験方法）
	3.4衣服の形態変化	3.4.1寸法変化 3.4.2永久伸び 3.4.3プリーツ保持性 3.4.5型くずれ	衣服構成要因（接着芯地の剥離等）生地要因（膝が出る等）	JIS L 寸法変化 JIS L伸長弾性率 JISプリーツ性

表13　一般財団法人カケンテストセンター　品質基準（抜粋）

試験項目			品目	ジャケット・コート類	ボトム類	布帛シャツ類	カットソー類	セーター類	下着類	帽子類	ネクタイ類	マフラー類
染色堅ろう度〈級以上〉	耐光	JIS L 0842	変退色	4(3)	4(3)	3	3	3	3	4(3)	3	3
	洗濯	JIS L 0844 毛、絹、アセテート A-1号 その他 A-2号	変退色	4	4	4	4	4	4	4	4	4
			汚染	3(2-3)	3(2-3)	3(2-3)	3(2-3)	3(2-3)	3(2-3)	3(2-3)	3(2-3)	3(2-3)
	汗	JIS L 0848	変退色	4	4	4	4	4	4	4	4	4
			汚染	3(2-3)	3(2-3)	3(2-3)	3(2-3)	3(2-3)	3(2-3)	3(2-3)	3(2-3)	3(2-3)
	摩擦	JIS L 0849 Ⅱ形	乾燥	3-4(3)	3-4(3)	3-4(3)	3-4(3)	3-4(3)	3-4(3)	3-4(3)	3-4(3)	3-4(3)
			湿潤	2(1-2)	2(1-2)	2(1-2)	2(1-2)	2(1-2)	2(1-2)	2(1-2)	2(1-2)	2(1-2)
	ドライクリーニング	JIS L 0860 A-1法 B-2法	変退色	4	4	4	4	4	4	4	4	4
			汚染	3	3	3	3	3	3	3	3	3
	色泣き	大丸法	汚染	4-5	4-5	4-5	4-5	4-5	4-5	4-5	4-5	4-5
	酸素系漂白剤	JIS L 0889	変退色	4	4	4	4	4	4	4	4	4
寸法変化率〈%以内〉	水洗い	JIS L 1930 表示通り★		±3 (±3)	±3 (±3)	±3 【±5】	(+3〜-6) 〈+3〜-6〉	(+3〜-6) 〈+3〜-6〉	±5《±3》 (+3〜-6) 〈+3〜-6〉	±3 (+3〜-6) 〈+3〜-6〉	±3 (+3〜-6) 〈+3〜-6〉	±3 (+3〜-6) 〈+3〜-6〉
	ドライクリーニング	JIS L 1096 J-1法、商業ドライクリーニング		±3	±3	±3	±3	±3	±3	±3	±3	±3
	ウェットクリーニング	JIS L 1931-4		±3 (±3)	±3 (±3)	±3 【±5】	(+3〜-6) 〈+3〜-6〉	(+3〜-6) 〈+3〜-6〉	±5《±3》 (+3〜-6) 〈+3〜-6〉	±3 (+3〜-6) 〈+3〜-6〉	±3 (+3〜-6) 〈+3〜-6〉	±3 (+3〜-6) 〈+3〜-6〉
引裂強さ〈N以上〉		JIS L 1096 D法		10(7)	10(7)	7			7	10(7)	10(7)	10(7)
破裂強さ〈kPa以上〉		JIS L 1096 A法		400(300)	400(300)		400(300)	400(300)	300	400(300)	400(300)	400(300)
滑脱抵抗力〈mm以下〉		JIS L 1096 縫目滑脱B法		3	3	3			3	3		
ピリング〈級以上〉		JIS L 1076 A法		3(2)	3(2)	3(2)	3(2)	3(2)	3(2)	3(2)	3(2)	3(2)
スナッグ〈級以上〉		JIS L 1058 A法		3	3	3	3	3		3	3	3
パイル保持性〈級以上、mN以上〉		カケン法、JIS L 1075		3-4(2)	3-4(2)	3-4		(2)	3-4(2)	3-4(2)		3-4(2)
毛羽付着〈級以上〉		セロテープ法		3	3	3	3	3	3	3	3	3
特定芳香族アミン〈mg/kg〉		厚生省令　第34号		30以下	30以下	30以下	30以下	30以下	30以下	30以下	30以下	30以下
遊離ホルムアルデヒド〈以下〉		厚生省令　第34号		A-Ao 0.05	A-Ao 0.05	A-Ao 0.05	A-Ao 0.05	A-Ao 0.05	A-Ao 0.05 【75ppm】	A-Ao 0.05	A-Ao 0.05	A-Ao 0.05

※本表は、カケン基準の抜粋です。試験項目は素材・用途・製品形態等を考慮して決めます。
※本基準は予告なく変更する場合があります。ホームページ、最寄りの事業所などで最新版を確認下さい。
★取扱い表示記号が140以上の場合は、試験方法を相談の上、実施します。（56ページ表10参照）

改訂：2020.1

ハンカチ・タオル類	靴下・手袋類	皮革毛皮製品類	カーテン類	シーツ・カバー類	床敷物類	寝装類	裏地類	付属類（付属レース、付属生地）	備考
3	3	4(3)	4(3)	3	3	3	3	3	（　）内は淡色などに適用
4	4	4	4	4	4	4	4	4	水洗い可製品に適用
3(2-3)	3(2-3)	3(2-3)	3(2-3)	3(2-3)	3(2-3)	3(2-3)	3(2-3)	3(2-3)	濃淡組合わせ製品は汚染4級以上 （　）内は、毛、絹50％以上の混用品などに適用
4	4	4	4		4		4	4	濃淡組合わせ製品は汚染4級以上 （　）内は、毛、絹50％以上の混用品などに適用 皮革・毛皮製品は水堅ろう度
3(2-3)	3(2-3)	3(2-3)		3(2-3)		3(2-3)	3(2-3)	3(2-3)	
3-4(3)	3-4(3)	3-4(3)	3-4(3)	3-4(3)	3-4(3)	3-4(3)	3-4(3)	3-4(3)	（　）内は、特殊プリント、デニム、別珍、コール天、ニットベロア、フロッキーなどに適用
2(1-2)	2(1-2)	2(1-2)	2(1-2)	2(1-2)	2(1-2)	2(1-2)	2(1-2)	2(1-2)	
4	4	4	4	4	4	4	4	4	ドライクリーニング可製品に適用貸 濃淡組合わせ製品は汚染4級以上
3	3	3	3	3	3	3	3	3	
4-5	4-5		4-5	4-5	4-5	4-5	4-5	4-5	濃淡組合わせ製品に適用
4	4	4	4	4	4	4	4	4	家庭洗濯可製品に適用
+3〜-6 (+3〜-6) 〈+3〜-6〉		±3	±3	+4[±3] (+3〜-6) 〈+3〜-6〉	±4	±4	±3	±3 (+3〜-6) 〈+3〜-6〉	（　）内は編物ウェール方向、〈　〉内は編物コース方向に適用、たて編は織物に含む 【　】内はカジュアルシャツに適用、《　》内はランジェリー・ファンデーション、［　］内は袋物に適用
		±3	±3	±3	±3	±3	±3	±3	ドライクリーニング可製品に適用
+3〜-6 (+3〜-6) 〈+3〜-6〉		±3	±3	+4[±3] (+3〜-6) 〈+3〜-6〉	±4	±4	±3	±3 (+3〜-6) 〈+3〜-6〉	（　）内は編物ウェール方向、〈　〉内は編物コース方向に適用、たて編は織物に含む 【　】内はカジュアルシャツに適用、《　》内はランジェリー・ファンデーション、［　］内は袋物に適用
7	7	10	10(7)	10(7)		10(7)	7		（　）内は薄地織物に適用
300	300		300	300		300	300		（　）内は薄地編物に適用
				3		3	3		薄地は49.0N荷重 厚地は117.7N荷重
3 (2)	3 (2)			3 (2)		3 (2)	3 (2)		（　）内は、合繊混、起毛品、獣毛に適用
							3		長繊維織物、編物に適用
【500mN】					【500mN】	【500mN】	3-4 (2)		（　）内は、ニットベロアに適用 【　】内はタオル地製品に適用
3	3	3		3		3	3		起毛品、獣毛（アンゴラ）に適用
30以下	30以下	30以下		30以下	30以下	30以下	30以下	30以下	厚生省令対象品に適用
A-Ao 0.05	A-Ao 0.05 【75ppm】	A-Ao 0.05 【75ppm】		A-Ao 0.05	A-Ao 0.05	A-Ao 0.05	A-Ao 0.05	A-Ao 0.05 【75ppm】	【　】は乳幼児用製品以外の厚生省令対象品に適用

出典：一般財団法人、カケンテストセンター　品質基準（抜粋）

3. 品質評価基準

アパレルメーカーがアパレルを製造するにあたって素材・副資材、パターン、縫製は大きな要素になるが、いずれが不備でも工程不良や不良品につながる。とりわけ、素材・テキスタイルの不良はほかの工程不良より解決するのに時間もかかり、納期、コストにも大きく影響する。テキスタイルの品質不良は物性と外観に大別される。それらの品質評価の基準は各団体で設けているが、32、33ページ表13は（一財）カケンテストセンターの品質評価基準を表にしたものである。

外観不良について主な事項をあげると次のようになる。
①布目曲り、柄曲り、柄ピッチ違い
②生地幅の不ぞろいや不足、耳の蛇行
③染めむら、中希（ちゅうき）
④織り傷
⑤汚れ
⑥風合いの不備

などがある。

テキスタイルメーカーや染色整理工場から出荷する時には原反の外観検査が行なわれる。生地欠点の種類は織物やニットに使用する繊維素材や織編組織の違いによって異なり、また整理、仕上げ加工工程によっても欠点の種類が異なる。したがって、原反の種類、加工プロセスの違いによって欠点の内容も多種多様に変化する。外観検査は検査員により、検反機や手でめくる検査などが通常行なわれる。センサー活用の自動検反機もあるが、人間の視覚、判断力を上回るような自動化はいまだ成しえていない。

外観不良の評価検査基準には輸出検査法に基づく輸出検査基準、国内生地素材別にそれぞれの団体が定めた生地基準、民間検査団体が定めた検査基準、紡織メーカーなどの自主規準、また、発注者が定めた指定条件検査基準のほか、受入れ検査などではアパレルメーカーが社内で決めた検査基準などさまざまである。これらの管理体制は、現状では統一されていないが早急に業界をあげて、その統一、標準化が望まれるところである。

4. アパレル用生地の検査基準ガイドライン

アパレル用生地の検査基準ガイドライン（日本織物中央卸商業組合連合会）の一部を次に示す。

(1)適用範囲

このガイドラインは、整理後の生地で日本織物中央卸商業組合連合会に所属する組合員各位が取り扱う一般衣料用織編物に適用する。

ただし、和装用生地、紳士の背広服・礼服・コート用生地及びそれらに準ずる生地は除く。

(2)ガイドライン

ガイドラインとは、中衣、外衣としての標準的水準を定めたものであり、現時点で合格・不合格を判定するものではないが、当基準に適合することが望まれるものである。

ただし、試験検査を実施する項目の選定は、個別契約に基づくものとし、その契約条件により、当ガイドラインを部分的に修正して運用することもできる。

1）織編物の区分
①毛織編物

毛織編物とは、毛の混用率が30％以上のものをいう。
・梳毛織編物：梳毛糸で製織または製編されたもの。
・紡毛織編物：紡毛糸で製織または製編されたもの。梳毛糸と紡毛糸が交織または交編されているものは、紡毛織編物として取り扱う。

②絹織編物

絹織編物とは、絹の混用率が30％以上のものをいう。

③麻織編物

麻織編物とは、麻の混用率が50％以上のものをいう。

④綿織編物

綿織編物とは、綿の混用率が50％以上のものをいう。

⑤化合繊織編物

化合繊織編物とは、化合繊〔レーヨン類（ポリノジック、キュプラを含む）、アセテート、合成繊維等〕の混用率が50％以上のものをいう。
・化合繊長繊織編物：化合繊長繊維糸の数が総糸数の1/2以上のもの。
・化合繊短繊織編物：化合繊短繊維糸の数が総糸数の1/2以上のもの。

2) 検査項目及び判定基準（ガイドライン）

①規格

・原糸の種類及び繊度
　規格に適合していること。
・組織
　規格に適合していること。
・密度
　規格に適合していること。
・目付
　規格に適合していること。
・色相（色合せ）
　元見本と隣接して並べるか、縫い合わせて照合し、目立つ差がないこと。物に判定基準に指定がない場合は、「JIS L 0804 変退色グレースケール」の「4-5級」を超えないことを目安とする。
・柄
　元見本と照合し、目立つ差がないこと。
・風合い
　元見本と同等であること。

②性量

幅、長さ及び重さの契約値に対する許容範囲は、表14に示す数値以内とする。

③外観

原糸、製織、製編、染色、仕上げ及びその他の加工（反間及びロット間も含む）が良好であり、かつ次の各項に適合すること。

・全面欠点
　目立たないこと。
・布目曲り・柄曲り
　布目曲り・柄曲りの許容範囲は、表15に示す数値以内とする。
・柄ピッチのずれ
　目立たないこと。
　ただし1リピートが3cm以上の柄については、柄ピッチのずれの許容範囲を表16に示す数値以内とする。
・胴切れ（幅の1/2以上の裂け傷を含む）
　ないこと。
　ただし、1反につき1個所以内の場合（各片とも同質であって、その長さが6m以上であること）のみ部分欠点として処理する。
・部分欠点
　基準面積（W幅は幅×20cm、S幅は幅×30cm）内で目立つ欠点（主な欠点の種類：36ページ表18～22を参照）を1として数えた個数の1反当たりの総計が、36ページ表17の許容限度に1反

表14　幅、長さ、重さ

項目	区分	許容範囲（ガイドライン）	
幅	織物	W幅（115cm以上）	＋ 2.0cm / － 0.0cm
		S幅（115cm未満）	＋ 1.5cm / － 0.0cm
	編み物	W幅	＋ 3.0cm / － 0.0cm
		S幅	＋ 2.5cm / － 0.0cm
長さ	織物		± 3.0%
	編み物		± 5.0%
重さ	編み物		± 5.0%

※ 放反により測定値が変化する場合は、その変化を考慮して判断すること
※ 織編物の長さ、編み物の重さについては、表示値に対するマイナスは認めない
※ 重さの許容範囲は、重さで取引をする編み物に適用する

表15　布目曲り、柄曲り

項目			区分	許容範囲（ガイドライン）
布目曲り・柄曲り率	横方向	布目曲りⅠ：〔斜行〕柄曲り	織物　無地、総柄	3.0%
			織物　格子・ボーダー柄	2.0%
			編み物　縦編	2.0%
			編み物　横編、総柄	3.0%
			編み物　格子・ボーダー柄	2.0%
		布目曲りⅡ：〔弧形〕布目曲りⅢ：〔弧形、斜行との複合を含む〕柄曲り	織物　無地、総柄	3.0%
			織物　格子・ボーダー柄	1.5%
			編み物　縦編	2.0%
			編み物　横編、総柄	3.0%
			編み物　格子・ボーダー柄	2.0%
	縦方向	布目曲りⅣ：〔ウェール曲り〕柄曲り	織物　無地	2.0%
			織物　縦柄	1.5%
			織物　総柄	3.0%

表16　柄ピッチのずれ

項目	区分		許容範囲（ガイドライン）	
			縦（ウェール）方向	横（コース）方向
柄ピッチのずれ	織物	絹・化合繊長繊維	0.6%	1.5%
		毛　梳毛	0.7%	2.0%
		毛　紡毛	1.0%	2.5%
		その他	1.0%	1.5%
	編み物	縦編	1.0%	2.0%
		横編	2.0%	3.0%
		格子・ボーダー柄	1.0%	2.0%

※ 柄ピッチのずれで、縦方向は横柄、横方向は縦柄のピッチのずれを示す

の長さLを乗じた個数以下であること。
- **傷引き（S引き）**

  個人契約の条件によるものとする。

表17　部分欠点

区分		許容範囲（個／L）（ガイドライン）	
		W幅	S幅
毛	織物	0.12	0.08
	編み物	0.16	0.12
絹	織物	0.20	0.16
	編み物	0.16	0.12
麻	織物	0.24	0.20
	編み物	0.20	0.16
綿	織物	0.20	0.16
	編み物	0.16	0.12
化合繊	長繊維織編物	0.12	0.08
	短繊維織編物	0.20	0.16
プリント	織物	0.17	0.12
	編み物	0.20	0.12

※縦方向の欠点がW幅にあっては長さ20cm、S幅にあっては長さ30cmを超える時、その超える部分は、他の外観の欠点と同等にする
※個々の欠点が目立たなくても重複して目立つ場合は欠点とする
※Lは契約長（m）とする
※許容限度の計算値は、四捨五入をして整数位とする
※胴切れは、欠点2個として計算する
※基準面積内に2個以上の欠点が存在する場合、1個を超える欠点は加算しない

- **主な欠点の種類**

a. **原糸及びその加工**（表18）

区分	欠点の種類	ガイドライン
原糸不良	糸むら・杢むら・節糸むら・ネップむら・毛羽むら	目立たないこと
糸加工不良	色むら・色段・縦縞	目立たないこと

b. **製織**（表19）

区分	欠点の種類	ガイドライン
組織不良	組織くずれ・目寄れ	目立たないこと
縦方向の欠点	つり・ゆるみ・縦筋・筬割れ	目立たないこと
横方向の欠点	織段・綾枕・つれ込み	目立たないこと

c. **製編**（表20）

区分	欠点の種類	ガイドライン
組織不良	組織くずれ・編みむら（度目むら）・編み目不整・かぶり傷	目立たないこと
縦方向の欠点	縦筋・針筋	目立たないこと
横方向の欠点	編み段・機械段・飛込み・つれ込み	目立たないこと

d. **精練・漂白・染色及び整理加工**（表21）

区分	欠点の種類	ガイドライン
精練・漂白不良	精練むら・白度むら	目立たないこと
染色不良	色差	目立たないこと
	中希・色むら・色にじみ	目立たないこと
整理加工不良	加工じわ・あたり・風合いむら・起毛むら	目立たないこと

e. **共通事項**（表22）

区分	欠点の種類	ガイドライン
汚れ	油汚れ・すれ汚れ	目立たないこと
耳不良	耳つれ・耳ゆるみ・耳はずれ	目立たないこと
傷	穴傷・裂け傷	大小を問わないこと

3) 表示・伝達の方法

規格・性量・外観の検査結果

ラベル表示

表示は原反1反ごとに下記事項をラベルなどにより表示する。

- 品番・色番、反番またはロット・ナンバー
- 幅、長さ、重さ、欠点の個数
- 傷引き（S引き）の長さ（契約による）

原反表示

- 欠点箇所の表示を片耳部につけ、かつ欠点部分を適切な方法で示す。
- 表裏の表示は、巻終りにシールまたは転写マークなどで明示する。
- 方向性のあるものは、方向を矢印で巻終りに明示する。

このような衣料用生地の外観検査の現状はそれぞれの加工段階で基準が異なるため、さまざまなトラブルの発生要因ともなっており、ひいては取引の正常化を阻害している面も少なくない。また、その基準値は川上が厳しく、川下にいくほど緩やかになればトラブルは解消、減少するはずである。しかし、現実には川上の技術の限界と川下の要求水準はなかなかみ合わないケースがあることも銘記すべきことである。

写真17　テキスタイルの欠点

縦筋

胴切れ
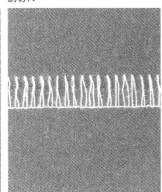

杼間（ひま）

織物幅の全部、または一部でよこ糸が著しく隔たり、間隙を生じたもの。そのほかに組織、耳部の欠点も見られる

耳くずれ

引き傷（糸つれ）
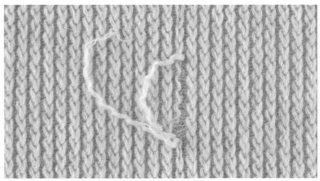
編み地の糸が引きつったり、切れたもの

異物織込み
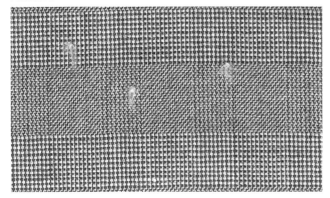

型ずれ

型合せ不良などで模様がずれてプリントされたもの

5. アパレルの分類

アパレル (apparel) とは衣服または繊維製品の意味で、類似語には、ガーメント、コスチューム、クロージング等がある。アメリカで既製品を含めた衣服全般をさす用語として使われはじめ、日本では1970年代初めから用いられるようになった。ただ、衣服全般といっても、洋装系を中心にとらえ、製品分類のしかたはJIS及び各企業や団体によってさまざまである。

(1) JIS L 4107　一般衣料品による区分

乳幼児用一般衣料品
少年用及び成人男子用一般衣料品
少女用及び成人女子用一般衣料品

外衣類	上衣、ズボン、スカート、ドレス及びホームドレス、エプロン、かっぽう着、事務服及び作業服、オーバーコート、トップコート、スプリングコート、レインコート、その他のコート、並びに上衣とズボン（又はスカート）とを組み合わせたもの
中衣類	プルオーバー、カーディガン、その他のセーター、ワイシャツ、開襟シャツ、ポロシャツ、その他のシャツ及びブラウス
下着類	下着及び寝衣

(2) JIS L 0215　繊維製品用語（衣料）

①一般
②男子用外衣
③女子用外衣
④セーター・シャツ類
⑤乳児用衣類
⑥和服及び和装品
⑦肌着
⑧ファンデーション
⑨寝衣
⑩帽子
⑪手袋
⑫靴下

(3) アパレル企業による品目分類

アパレルとアパレル小物、またはアクセサリーとして分類される場合もある。

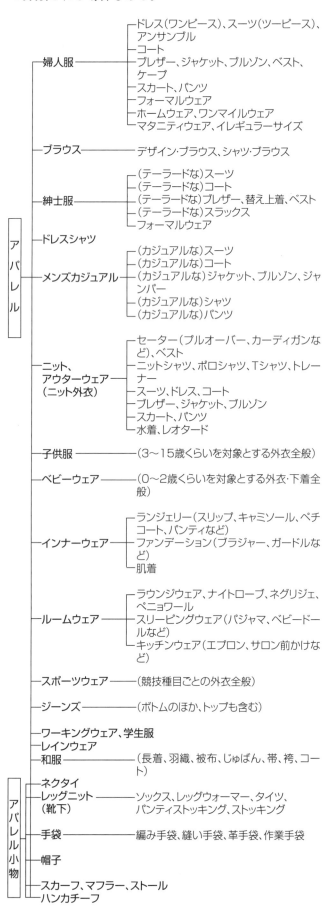

6. アパレルに要求される品質

品質の定義は一般に「ものの性質」である。ものにも有形、無形の形があり、品物全体の性質・性能のほかに、品物の特徴や取扱い方についての説明、品物に関連する情報の提供サービスも品質に含まれると考えられる。

品質には引張り強さや寸法変化率、そして染色堅牢度のように理化学的に試験して良否の程度を数値として表わすことができるもの（実用性）と、色、柄、デザインなどの外観や見た目のよさなど、消費者の趣味や嗜好が入り、客観的評価が難しいもの（感性的要素）がある。アパレルの品質項目をあげると13ページ表2のようになる。

流行やデザイナーの好みを取り入れた感性優先のファッション製品が多く見られるが、「1回の着用で色泣きした」「あまり着てないのにパンツの後ろ縫い目が破れかけていた」「クリーニングができないとクリーニング屋に断わられた」など、実用性に問題のあるものもたいへん多い。

製品作りにおいて感性を優先させると、上記のように実用性が犠牲になり、また逆に実用性を重視すると感性商品が作れないという関係がある。感性的要素と実用性の両方の調和のとれた製品作りが必要である。

また、生活が豊かになり、時代の要求も変化してきており、要求される品質のウェートづけ（重要度）も変わってきている。したがって、消費者の要求する品質について「市場調査－商品開発－製品設計－生産－品質検査－販売－消費者情報の収集」のサイクルの中で、どの程度のレベルにするのか常に考えておく必要がある。

消費者の品質要求項目の詳細は43ページ表24参照。また、婦人服の服種とその品質要求度の違いの例として44ページ表25を示す。

7. アパレルの設計

製品を設計することとは「作りたいものを決め」「それに形を与え、使用する素材を決める」、そして、「その作り方を決める」というステップを踏んで行なわれる。工学的設計はこの3項目に関して合理的かつ経済的でなければならない。したがって、アパレルの設計はできるだけ少ない費用でアパレルの機能（デザインを含む）が最大の効果を発揮するように、素材、形態、縫製方法を決める作業ということができる。その前提として、消費者ニーズを知り、設計に生かしていくことが必要である。

設計要因としては、次のものがある。

①**素材の選定**……ここでの素材とは表地、裏地、芯地、その他副素材をいう。

②**形態の決定**……サイズ、体型の設定とデザインの選定の二つからなる。

注文服の場合のサイズ、体型はユーザーに合わせればいいが、既製服の場合は、サイズ分布のどのあたりをカバーするか、体型をどうするかを決める必要がある。また、平面を立体へと造形するためのパターンメーキング、人の体格の変化にパターンを適合させるパターングレーディングも考える必要がある。

デザインの選定では、衣服の形状と造形線（縫い目、接ぎ線）を決める。一般的にはデザイン画により、ファッション性や着心地などを考慮して決定される。

③**縫製方法の指定**……平面の布を立体的な衣服に仕立てるための具体的な方法を指定することが縫製仕様といわれるものである。

8. アパレルの製造工程別管理の要点

アパレルの生産の背景である多品種、高品質、高感性、短サイクル、少量生産、低コストや相次ぐ新素材対応に追われて、工程管理も難しい側面が増える一方である。主に可縫性（仕立てばえ）及び外観保持の向上に関係することを中心に、チェックポイントをまとめると次のようなことがあげられる。

①**商品企画**
- 製品の消費性能（物性、染色堅牢性など）、着用時の着心地、審美性、洗濯法、家庭アイロン等。
- 企画イメージ、シルエットに適する素材か。
- 量産工程に投入できる素材か。

②**素材発注**
- 商品企画時のイメージ、シルエット、物性情報を仕入先に伝えたか。
- 納期、生地単価に無理がないか。

③**素材仕入れ**
- 受入検反（布の長さ、幅、重量、色柄、風合い、傷、汚れ等）。
- 素材特性の把握（物性値、スチームプレス・水浸漬に対し外観安定度、しわ回復性、緩和収縮・ハイグラルエキスパンション・プレス収縮の程度など）。

④**スポンジング**
緩和収縮率を除去し、寸法安定性を高め、可縫性（仕立てばえ）を向上させるための工程。
綿・ウールタイプ／布の水分率を上昇させる条件で加工。

化繊タイプ／100℃以上の加工温度が必要。

⑤ **スポンジング処理後の検反**

幅、長さ、外観の安定、地の目のゆがみ、風合い変化、変色など。

⑥ **縫製加工**

・パターン作成、ミシン、プレス、芯地接着条件決定のための縫製加工（シームパッカリング、縫いずれの防止、あたり・てかり・プレス収縮の防止条件、芯地接着温度・圧力・時間、布の伸度、いせ・くせとりのしやすさなど）。

・先上げサンプル作成　外観保持試験、着用試験。

⑦ **工場温湿度管理**

冷暖房により日本の縫製工場は低湿（40〜45％）になりやすい。

　ex：ウールタイプの織物—収縮状態で縫製し、その後形くずれしやすい。

　　：ミシン温度が上昇し、地糸切れ、針穴が大きくなる、熱溶融傷等が発生しやすい。

外観保持性のいい製品作りには60〜70％程度の湿度管理が必要。

⑧ **パターンメーキング・グレーディング**

素材の物性・立体成型性能を考慮したパターン作成（布の厚さ・薄さ、伸縮度、いせ込み・くせとり・ひねりのしやすさ、緩和・プレス収縮）。

⑨ **マーキング**

要尺の節約を図りながら地の目、柄合せ、反染めの色差、素材の方向性などを考慮したマーキングか。

⑩ **延反**

・延反時、素材にテンションを与えていないか。
・延反台に直射日光、冷暖房が当たらないか。
・布の重ね枚数は適当か。
・けばの方向は一定方向にそろっているか。

⑪ **裁断**

・正確な裁断か。
・素材にゆがみを与えていないか。
・素材のロット管理が行なわれているか。

⑫ **副素材管理**

表地に適合するタイプを見つける。

　ex：接着芯地（ベース芯地、増し芯）、スレキ、テープは緩和収縮の程度の同じものを選ぶ。

　　：裏地—着心地、外観、取扱いやすさ、耐久性など考慮。

⑬ **芯地接着**

・芯地の最適接着条件。
・樹脂マーク、樹脂のしみ出しなど外観変化は。
・接着強度を確認したか。

⑭ **縫製**

縫縮み、縫いずれの防止条件は（上糸・下糸のテンション、送り歯の高さ調節、アタッチメントの選定、工場内温湿度とミシン回転数、ミシン針の点検等）。

⑮ **中間プレス**

・素材別の蒸気圧設定、芯添え・縫い目割り・くせとり等のプレス条件は適切か。
・プレス後の冷却は充分か。

⑯ **まとめ・検査**

・表地、裏地が手まつりなどにより引きつれていないか。
・企画どおりのシルエットが表現できているか。
・外観上の問題がないか。
・サイズ、柄合せ、左右のバランス。織り傷、ほつれはないか。

⑰ **仕上げプレス**

伸縮、あたり、てかり、モアレなどプレスによる欠陥が発生しないよう立体的に仕上げられているか。

⑱ **最終検査**

・外観検査。

　ex：あたり、てかり、モアレ、傷、汚れはないか。

　　：企画どおりのシルエットとイメージ表現は。

・実用試験—生地でなく縫製された製品について行なう（外観保持性、耐洗濯・耐ドライクリーニング性・耐アイロン性）。
・表示関係のミスはないか。
・縫製仕様書どおりの仕上りか。

外観チェックポイントの詳細については45ページの図4〜6を参照。

⑲ **保管**

・保管場所の温度、湿度は。
・シルエットに合ったハンガーを使っているか。
・布の自重による伸び（たらつき）は。
・光やガス退色の可能性は。

⑳ **輸送**

・ハンガー輸送でビニルパックされているか。
・雨の日などに湿気の入らない輸送か。
・汚れが付着しないか。
・ハンガーかけに余裕はあるか。

㉑ **表示**

・表示も含め、法規制を遵守しているか。
・サイズ表示は。
・見やすい位置に表示されているか。

㉒ **展示販売**

・ハンガー及びボディは製品サイズやシルエットに

一致しているか。
・展示場所が高温多湿ではないか。
・直射日光や照明の影響は。
・購入者のサイズと製品が一致するか。
・正しい取扱い、手入れ法の説明をしたか。
・デメリットの説明はしたか。

図2　服作りの流れと品質チェックフロー

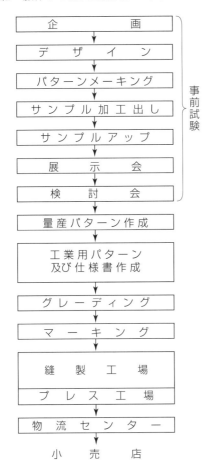

図3　マーキングの一例

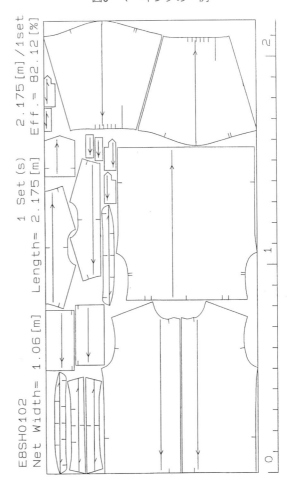

写真18　型紙の自動カッター

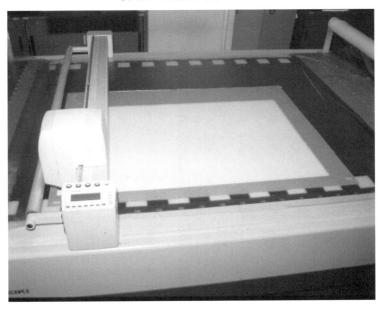

写真19　裁断

写真20　裁断後のパーツの仕分け

写真21　縫製

表23　外観チェックポイントにおける標準基準

縫いの種類と標準縫い代

縫い方	縫い代幅
本縫い	8～10mm
インターロック縫い	5～7mm
オーバーロック縫い	3～5mm
オーバーロックかがり	3～4mm
巻縫いされるもの	巻きはずれが生じないよう広くとる

製品別部位と標準折り代

製品	部位		折り代幅
上衣	袖口（大人用）	表地	4cm
	袖口　〃	裏なし	2cm
	袖口　〃	裏地	2cm
	袖口（子供用）	表地	3cm
	裾		4cm
スラックス	裾（紳士用）		7cm以上
	裾（婦人用）		4cm以上
	裾（子供用）		2.5cm以上
スカート	裾		4～5cm
	フレア、プリーツの裾		2.5～3cm
	特別広い裾		1～2cm

生地の素材別標準縫い糸

生地の素材	縫い糸
絹、毛、絹／合繊、毛／合繊　絹と毛を主とした混紡交織布	絹糸、合繊縫い糸
綿、綿／合繊　綿を主とした混紡交織布	綿糸、綿／合繊糸
上記以外の生地	合繊縫い糸、綿／合繊糸

※リンキング、カップシーマー、及びオーバーロックの振り糸に、編み地と同じ糸を用いる時は、双糸の場合はいいが、単糸の場合は、さらに撚りを加えて丈夫な糸にして使用する。

標準針数（3cm間の表面に出た縫い目）

縫いの種類	針数
本縫い、環縫い（外衣）	13～15針
〃　　（中衣）	15～17針
インターロック縫い	12～13針
オーバーロック縫い	13～14針
オーバーロックかがり	8針
ルイス	7針
手まつり（奥まつり）	3～4針
〃　（端まつり）	7～9針

とじの必要部位と主な製品

部位	位置	主な製品
衿	衿みつ　ゴージ（渡り）	上衣、ガウン、紳士服、ラペルの広い婦人服
袖つけ	袖つけの周囲	紳士服、婦人服の一部
	肩先と脇下	袖裏つけをミシンで縫いつけする場合　紳士服、婦人服、子供服、ガウン
袖	上袖縫い目、下袖縫い目	2枚袖の紳士服、婦人服
	下袖縫い目（内袖縫い目）	婦人服、子供服、ガウン
脇	総裏の脇	紳士服、婦人服、子供服
見返し	見返しの奥	紳士服、婦人服、子供服
裾	裾全体	紳士服、婦人服の一部
	背脇縫い目の裾部	婦人服、子供服、紳士服の一部

※コート、ジャケットは上衣に準ずる

表24　消費者品質要求項目

審美的訴求	縫製の仕上 表面状態　　　　　　}……外観 静的ドレープ性 動的ドレープ性　　　　}……ドレープ 色　　　　　　　　　　　視覚に訴えるも 光沢　　　　　　　　　　のを対象とする 透明度
着心地 （使い心地）	形 寸法適合性 フィット性 ストレッチ性　　　　　}……運動的機能 平滑性 動的ドレープ性 帯電性 手ざわり （肌ざわり、踏み心地）　}……風合い 接触温冷感 吸湿性 透湿性 通気性 保温性　　　　　　　　}……保健衛生的機能 吸水性 帯電性 軽さ 匂い
形態安定性	伸縮性 圧縮性 防しわ性 変形のしにくさ
扱いやすさ	補修のしやすさ 汚れにくさ 洗濯のしやすさ 汚れのとれやすさ……………家庭洗濯 乾きやすさ　　　　　　　　商業洗濯 プレスのしやすさ ほつれにくさ 防虫性 付属品のこわれにくさ
安全性	防炎性 皮膚に対する安全性 内臓に対する安全性
特殊な機能	はっ水性 防水性 耐寒性
機械的強さ	引張り強さ 引裂き強さ 破裂強さ 摩耗強さ 衝撃強さ 縫い目の強さ
理科学的抵抗性	耐薬品性………………………洗剤、ドライクリー 熱　　　　　　　　　　　　ニング用溶剤、 汗　　　　　　　　　　　　漂白剤、しみ抜き剤 光 ガス 蒸気 耐生物性

表25 婦人服の品質要求度

大分類	中分類	品質要求項目	ジャケット・スーツの上衣	ワンピース	ブラウス・シャツ	カーディガン・セーター	スカート	スラックス	フォーマルウェア	スポーツウェア	オーバーコート	マウンテンパーカー	ユニフォーム	ネグリジェ	用語
審美的訴求	外観	デザインのよさ	◎	◎	◎	○	○	○	◎	◎	◎	◎	◎	○	形
		きれいな縫製仕上げ	◎	◎	◎	○	○	○	◎	○	◎	○	◎	○	縫製仕上げ
		布地の見た目のよさ	○	○	△	△	○	○	◎	○	○	○	○	△	表面状態
	ドレープ性	ひだの出ぐあい	×	○	×	×	◎	△	◎	×	×	×	○	○	静・動的ドレープ性
	その他の外観	色のよさ	○	○	○	○	○	○	○	○	○	○	○	○	色
		柄のよさ	△	○	○	○	○	○	○	○	○	○	○	○	柄
		光沢のよさ	×	×	×	×	×	×	○	×	×	△	△	△	光沢
		透けて見える度合い	×	×	○	×	×	×	×	×	×	×	×	△	透明度
着心地	運動的機能	着やすく働きやすいデザイン	○	○	○	○	○	◎	×	◎	○	◎	◎	○	形
		寸法がよく合う	◎	◎	○	○	◎	◎	○	◎	○	○	○	△	寸法適合性
		布地の体へのなじみやすさ	○	○	△	○	○	○	○	◎	○	○	○	○	フィット性
		布地の伸び縮みやすさ	×	△	△	◎	△	△	×	◎	×	○	△	○	ストレッチ性
		すべりやすさ	△	△	△	×	△	△	△	△	△	△	△	○	平滑性
		動いた時のひだの出ぐあい	×	○	×	×	○	×	○	×	×	×	△	○	動的ドレープ性
		静電気でまつわりつかない	△	○	△	○	○	○	○	○	△	△	△	◎	帯電防止性
	風合い	手ざわりや肌ざわりのよさ	△	△	○	○	△	△	○	△	△	△	△	◎	手触り
		触った暖かい感じや冷たい感じ	△	△	△	○	×	△	△	△	○	△	△	○	接触温冷感
	保健衛生的機能	湿りやすさ	×	×	△	△	×	×	×	◎	×	○	×	△	吸湿性
		蒸れにくさ	×	×	△	△	×	×	×	◎	×	◎	○	○	透湿性
		空気の通りやすさ	×	×	△	△	×	×	×	◎	×	○	○	○	通気性
		暖かさ	○	×	×	◎	×	×	×	○	◎	○	○	○	保温性
		ぬれやすさ	×	×	△	×	×	×	×	◎	×	○	△	×	吸水性
		軽さ	×	△	△	△	△	△	×	◎	△	◎	△	○	軽さ
		不快な臭いがない	×	△	△	△	△	△	×	○	×	○	×	×	匂い
形態安定性	形くずれ	伸び縮みによる形くずれのしにくさ	○	◎	○	○	◎	◎	○	○	○	○	○	○	伸縮性
		布地の膨らみの失いにくさ	○	○	△	○	○	○	○	○	○	○	○	△	圧縮性
		しわのつきにくさ	◎	◎	○	○	◎	◎	◎	◎	◎	○	◎	△	防しわ性
		全体的な変形のしにくさ	◎	◎	○	○	◎	◎	◎	○	◎	○	○	○	変形のしにくさ
扱いやすさ	洗濯性	汚れのつきにくさ	○	○	○	○	○	○	○	◎	○	○	○	○	汚れにくさ
		洗濯のしやすさ	△	△	◎	○	△	△	△	◎	△	○	◎	◎	洗濯のしやすさ
		汚れのとれやすさ	△	△	◎	○	△	△	△	◎	△	○	◎	◎	汚れのとれやすさ
		乾きやすさ	△	△	○	○	△	△	△	◎	△	○	○	○	乾きやすさ
	仕上げ性	ほつれにくさ	○	○	○	○	○	○	○	○	○	○	○	○	ほつれにくさ
		アイロンやプレスのしやすさ	△	△	○	×	△	△	△	△	△	△	△	△	プレスのしやすさ
		付属品のこわれやすさ	○	○	○	○	○	○	○	○	○	○	○	○	付属品のこわれやすさ
		補修のしやすさ	○	○	○	○	○	○	○	○	○	○	○	○	補修のしやすさ
		虫のつきにくさ	◎	◎	○	◎	◎	◎	◎	○	◎	○	◎	○	防虫性
安全性		燃えにくさ	△	△	○	○	△	△	△	△	△	△	△	○	防炎性
		皮膚に対する安全性	△	◎	◎	◎	△	△	△	◎	△	△	△	◎	皮膚に対する安全性
特殊な機能		水のはじきやすさ	○	△	△	○	△	△	△	◎	◎	◎	○	△	はっ水性
		水の通りにくさ	○	△	×	△	△	△	△	○	◎	◎	○	×	防水性
		寒さによる変質のしにくさ	◎	○	○	○	○	○	○	◎	◎	◎	○	○	耐寒性
機械的強さ	生地の強さ	引張り強さ	○	○	○	○	○	○	○	◎	○	◎	○	○	引張り強さ
		引裂き強さ	○	○	○	○	○	○	○	◎	○	◎	○	○	引裂き強さ
		破裂強さ	○	○	○	○	○	○	○	◎	○	◎	○	○	破裂強さ
		摩耗強さ	○	○	○	○	○	○	○	◎	○	◎	○	○	摩耗強さ
		衝撃強さ	○	○	○	○	○	○	○	◎	○	◎	○	△	衝撃強さ
		縫い目の強さ	◎	◎	◎	◎	◎	◎	◎	◎	◎	◎	◎	○	縫い目の強さ
	耐変質・変色性	汗による変質・変色の少なさ	△	○	○	○	△	△	△	◎	△	◎	○	◎	耐汗性
		光による変質・変色の少なさ	○	○	○	○	○	○	○	◎	○	◎	○	×	耐光性
		ガスによる変質・変色の少なさ	○	○	○	○	△	△	○	○	○	○	○	×	耐ガス性
		蒸気による変質・変色の少なさ	○	○	○	○	○	○	○	○	○	○	○	×	耐蒸気性
	その他の抵抗性	洗剤・漂白剤・しみ抜き剤などに対する強さ	○	○	○	○	○	○	○	◎	○	◎	○	○	耐薬品性
		アイロンなどの熱に対する強さ	○	○	○	○	○	○	○	○	○	○	○	△	耐熱性
		カビやバクテリアのつきにくさ	◎	○	○	○	○	○	◎	○	◎	○	◎	○	耐生物性

※ ◎＝85%以上、○＝85〜75%、△＝75〜60%以上、×＝60%未満

図4　婦人服15のチェックポイント

上衣
①前ボタンは根巻きが4回以上されているか？
②ポケット口両端が補強されているか？
③衿外回りは浮かないように縫製されているか？
④袖裏つき長袖のものは、袖口に必ず芯地を入れて袖口の落着きをよくしているか？
⑤脇とじはしっかりと脇縫い線に入り、シルエットがくずれないか？
⑥衿や前身頃の柄は、左右を合わせてあり、見た目もきれいか？
⑦フロントが無飾のものは、見返しに見星が入っていて見返し端が浮かないか？
⑧ポケットの向う布など小さな布までほつれはないか？
⑨裏地にきせやゆとりがあり裏がつれないか？

スカート
⑩ファスナーあき下部やポケット口両端は補強されているか？
⑪前中心、後ろ中心に布目が通りラインがくずれないか？
⑫裏は裾からスカート丈の半分程度裁ち目かがりされていて、ほつれた糸が出てこないか？
⑬ベルト通しが抜けないよう縫いつけられているか？

スラックス
⑭前面、後面の柄は左右対称に合わせているか？
⑮股ぐりは2度縫製されているか？

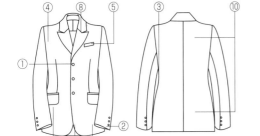

図5　紳士服15のチェックポイント

上着
①前ボタンは、しっかりつけてあるか？
②袖口には芯が入っているか？
③脇縫い線には、脇とじが入っていて裏がつれないか？
④袖上部と身頃の柄が合っているか？
⑤ポケットの上部両端は、芯地にとめられているか？
⑥ポケットの向う布など、小さな布までほつれないようにしてあるか？
⑦見返しの端には裏星が入っていて、浮かないか？
⑧衿みつ及びゴージラインはとじられていて浮かないか？
⑨上着のポケットの袋の底は、2度縫いされているか？
⑩背や裾にはゆとりをつけているか？

ズボン
⑪股ぐりは中央まで2度縫いされているか？
⑫後ろパンツの左右の柄が合っているか？
⑬後ろ中心のラインには、膝部より下に布目が通っているか？
⑭前パンツの左右の柄が合っているか？
⑮ポケットの袋はズボンにしっかりと固定され、しかも地縫い返し、飾り縫いしてあるか？

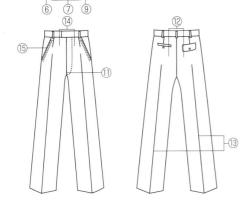

図6　セーター10のチェックポイント

①衿回りは大人用で60cm以上伸びがあり、伸縮性があって着やすいか？
②リンキングの目飛びや目はずれがないか？
③編み目の伸びに対応する縫い方がされており、縫い糸が切れやすくないか？
④ボタンつけにもしっかりした規格を定めてあり、取れる心配がないか？
⑤衿のネームつけも充分にゆとりをとってあり、つれることがないか？
⑥袖や身頃のねじれがないように細かい配慮がされて着心地がいいか？
⑦裾は身幅の1.5倍以上、袖口はてのひら幅以上の伸びが守られていて、着やすく体によくフィットするか？
⑧ポケットの袋布はループでとめられていて、袋の落着きがいいか？
⑨袖つけ幅にはゆとりを持たせてあり、着やすいか？
⑩縫始め、縫終りの縫止めがしっかりしていて、ほつれにくいか？

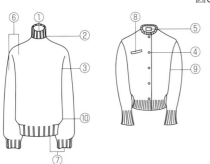

第4章
繊維製品の品質表示

1. 品質表示の成立ち

消費者は、小売店で商品を求める時、自らの目的に合った製品を店頭で選択しなければならない。その時、その商品に対する専門知識を持ち合わせず、また、製品のテストも行なえない条件で選ぶことになる。

適切な表示がなされていない場合、消費者はその製品、さらには企業そのものに強い不満を感じることになる。

誤った判断をしないよう、危険な商品や欠陥商品から消費者を保護するため、表示行政は生まれ、統一して表示するように昭和37年5月に「家庭用品品質表示法」が制定された。繊維製品に関する表示すべき事項及び表示方法は同法に基づき、繊維製品品質表示規程に定められている。

家庭用品品質表示法
4つの表示規程
- 繊維製品
- 合成樹脂加工品
- 雑貨工業品
- 電気機械器具

その後、適正表示も励行され、消費者も製品に関する知識の向上などにより、現在では適切な製品選択が可能な社会環境となってきた。他方、日本の経済社会は国際的に開かれ、自己責任と市場原理に立脚した自由な経済社会を目指すことが要求され、規制緩和の推進に取り組んでいる。

このような状況下に表示法は、製品自体の技術革新・高度化・複雑化・生活スタイルの変化などさまざまな変化に対応しながら、表示の標準を維持したうえで、表示者の自主性を発揮させ、必要最小限度の内容に見直され、平成9年10月1日に改正された。

その後、アパレルや繊維製品の製造及び流通はますますグローバル化が進み、わが国の繊維ビジネスの活性化を図るため、繊維製品の取扱い記号や表示方法についてJISと国際標準化機構ISOの整合化が必要となった。しかし、ISOには日本独自の自然乾燥記号やパルセーター型洗濯機による試験方法がなかったため、それらを規格化し日本案としてISOに提案した結果、平成24年のISO改正において日本からの提案を全面的に反映したISO 3758が発行された。これによりJIS原案作成が開始されJIS L 0217に代わる規格として「JIS L 0001 繊維製品の取扱いに関する表示記号及びその表示方法」が平成26年10月20日に制定された。それに伴い新しい試験体系もJISに追加され環境が整った。消費者庁は平成27年3月31日に繊維製品の「取扱い表示」に関する繊維製品品質表示規程を改正、平成28年12月1日に施行された。

元来、商品の良否は、消費者が自己の欲求を満たすかどうか、また価格とのバランスの上に立って判断される。しかし、いかにいい商品であっても適切な取扱いをしなければ、その商品が持つ本来の性能を発揮できないことになる。それゆえに、適切な表示は商品に対する無形の品質ということができよう。

生産者から消費者へ情報提供を行ない、適切な商品選択のアドバイスを与えるのが表示の果たす役割であり、品質管理を行なう一環としても表示の管理は欠かせないものとなっている。

2. 繊維製品の品質表示と関連する法等

品質表示は、法律などの規程に基づいた表示をする義務表示と、諸機関の保証・推奨マークやメーカーなどの自主的な任意表示とに大別される。

これら品質表示に関する法律以外に繊維製品を取り巻く法律や省令、規格（表1）がある。製品により表示や規制内容が異なるため注意する。

(1) 義務表示
①家庭用品品質表示法
　　繊維製品の品質表示
　　雑貨工業品の品質表示
②地方条例
　　東京都消費生活条例　注文衣料、注文カーテン、帽子
　　大阪府消費者保護条例　注文衣料

(2) 任意表示
①推奨マーク
②自主的表示
　　情報伝達ラベル（デメリット表示、取扱いインストラクション）。101～104ページを参照。
　　ブランドネーム、メーカー商標等。

(3) 品質表示の内容
1) 家庭用品品質表示法に基づく繊維製品の品質表示
表示原則は次のとおりである。
①**繊維の組成表示（繊維名、混用率）**
②**家庭洗濯等取扱い方法（取扱い表示記号）**
③**はっ水性**
④**表示者名及び連絡先**

以上について見やすい箇所に見やすく表示する。

製品により、本体に縫いつけまたは直接表記するもの、下げ札での表示が可能なものなど表示方法の規定が異なるため注意する。

品質表示の対象品目には、糸、生地、繊維製品などがあり、次ページの表2の対象品目が指定されている。

表1　繊維製品に関連する主な法等

表示に関連する法律・規格（品質表示、広告表現）	
家庭用品品質表示法 　繊維製品品質表示規程 　雑貨工業品品質表示規程	消費者庁
不当景品及び不当表示防止法 　（原産国表示、優良誤認・有利誤認）	消費者庁
医薬品、医療機器等の品質、有効性及び安全性の確保等に関する法律（旧薬事法）	厚生労働省
資源有効利用促進法 容器包装リサイクル法 　（容器包装の識別マーク）	経済産業省
JIS 既製衣料品のサイズ表示	経済産業省
安全性に関連する法律・規制・規格	
有害物質を含有する家庭用品の規制に関する法律	厚生労働省
繊維製品の加工剤に関する行政指導	経済産業省
製造物責任法（PL法）	消費者庁
消防法 　（公共施設などのカーテンやカーペットなどへの防炎性能に関する表示）	消防庁
JIS　子ども用衣料の安全性	経済産業省
知的財産権とその保護に関する法律	
特許法、実用新案法、意匠法、商標法、著作権法、不正競争防止法	特許庁
消費者契約の適正化に関する法律	
消費者契約法 　（誤認・困惑による契約の取消し）	消費者庁

表2 品質表示の対象品目

品目		表示項目	表示事項 繊維の組織 表地	表示事項 繊維の組織 裏地	表示事項 繊維の組織 詰め物(※5)	表示事項 家庭洗濯等取扱方法	表示事項 はっ水性	付記事項(※1) 表示者名及び連絡先
1 糸 (※2)			○					○
2 織物、ニット生地及びレース生地（上記1に掲げる糸を製品の全部又は一部に使用して製造したものに限る。）			○					○
3 衣料品等(※3)	1 コート	特定織物(※4)のみを表生地に使用した和装用のもの	○	○	○		○(※6)	○
		その他のもの	○	○	○	○	○(※6)	○
	2 セーター		○		○	○		○
	3 シャツ		○			○		○
	4 ズボン		○	○		○		○
	5 水着		○					○
	6 ドレス及びホームドレス		○	○		○		○
	7 ブラウス		○			○		○
	8 スカート		○	○		○		○
	9 事務服及び作業服		○					○
	10 上衣		○	○	○	○		○
	11 子供用オーバーオール及びロンパース		○			○		○
	12 下着	繊維の種類が1種類のもの 捺染加工品	○			○		○
		繊維の種類が1種類のもの その他のもの	○					○
		特定織物(※4)のみを表生地に使用した和装用のもの	○					○
		その他のもの	○			○		○
	13 寝衣		○			○		○
	14 羽織、着物	特定織物(※4)のみを表生地に使用した和装用のもの	○	○				○
		その他のもの	○	○		○		○
	15 靴下		○					○
	16 手袋		○					○
	17 帯		○					○
	18 足袋		○					○
	19 帽子		○			○		○
	20 ハンカチ		○					○
	21 マフラー、スカーフ及びショール		○			○		○
	22 風呂敷		○					○
	23 エプロン及びかっぽう着		○			○		○
	24 ネクタイ		○					○
	25 羽織ひも及び帯締め		○					○
	26 床敷物（パイルのあるものに限る)		○					○
	27 毛布		○			○		○
	28 膝掛け		○			○		○
	29 上掛け（タオル製のものに限る)		○			○		○
	30 布団カバー		○			○		○
	31 敷布		○			○		○
	32 布団		○		○			○
	33 カーテン		○					○
	34 テーブル掛け		○					○
	35 タオル及び手拭い		○					○
	36 ベッドスプレッド、毛布カバー及び枕カバー		○			○		○

※1. 品質表示の内容を分離して表示を行う場合には、それぞれに表示者名等の付記が必要である。
※2. 糸の全部又は一部が綿、麻(亜麻及び苧麻に限る。)、毛、絹、ビスコース繊維、銅アンモニア繊維、アセテート繊維、ナイロン繊維、ポリエステル系合成繊維、ポリウレタン系合成繊維、ガラス繊維、ポリエチレン系合成繊維、ビニロン繊維、ポリ塩化ビニリデン系合成繊維、ポリ塩化ビニル系合成繊維、ポリアクリルニトリル系合成繊維又はポリプロピレン系合成繊維であるものに限る。
※3. 1に掲げる糸や2に掲げる織物、ニット生地又はレース生地を製品の全部又は一部に使用して製造し又は加工した繊維製品（電気加熱式のものを除く。）に限る。
※4.「特定織物」とは、組成繊維中における絹の混用率が50％以上の織物又はたて糸若しくはよこ糸の組成繊維が絹のみの織物をいう。
※5. 詰物を使用しているものについては、表生地、裏生地及び詰物(ポケット口、肘、衿等の一部に衣服の形状を整えるための副資材として使用されている物を除く。)を表示する。
※6.「はっ水性」の表示は、レインコート等はっ水性を必要とするコート以外の場合は必ずしも表示をする必要はない。

出典：家庭用品品質表示法 繊維製品の規程（一部を省略)

2) 繊維の組成表示（繊維名、混用率）

どのような繊維が使われているか、また、混用率はどの程度かを表示する。混乱を防ぐために、勝手な表現でなく指定用語（表3）を用いて行なう。

なお、混用率は、組成が1種類の場合は100%で示し、2種類以上の場合は、それぞれの百分率を示し、その合計が100%になるよう表示する。また、用いられる数字には53ページ表5のように一定の許容範囲が含まれている。

表3　繊維の種類と指定用語

分類	繊維等の種類		指定用語
植物繊維	綿		綿
			コットン
			COTTON
	麻	亜麻	麻
			亜麻
			リネン
		苧麻	麻
			苧麻
			ラミー
	上記以外の植物繊維「植物繊維」の用語にその繊維の名称を示す用語又は商標を括弧を付して付記したもの（ただし、括弧内に用いることのできる繊維の名称を示す用語又は商標は1種類に限る。）		
動物繊維	毛	羊毛	毛
			羊毛
			ウール
			WOOL
		モヘヤ	毛
			モヘヤ
		アルパカ	毛
			アルパカ
		らくだ	毛
			らくだ
			キャメル
		カシミヤ	毛
			カシミヤ
		アンゴラ	毛
			アンゴラ
		その他のもの	毛
	「毛」の用語にその繊維の名称を示す用語又は商標を括弧を付して付記したもの（ただし、括弧内に用いることのできる繊維の名称を示す用語又は商標は1種類に限る。）		
	絹		絹
			シルク
			SILK
	上記以外の動物繊維「動物繊維」の用語にその繊維の名称を示す用語又は商標を括弧を付して付記したもの（ただし、括弧内に用いることのできる繊維の名称を示す用語又は商標は1種類に限る。）		
分類外繊維	全項目に掲げる繊維等以外の繊維		「分類外繊維」の用語にその繊維の名称を示す用語又は商標を括弧を付して付記したもの（ただし、括弧内に用いることのできる繊維の名称を示す用語又は商標は1種類に限る。）

分類	繊維等の種類		指定用語
再生繊維	ビスコース繊維	平均重合度が450以上のもの	レーヨン
			RAYON
			ポリノジック
		その他のもの	レーヨン
			RAYON
	銅アンモニア繊維		キュプラ
	上記以外の再生繊維「再生繊維」の用語にその繊維の名称を示す用語又は商標を括弧を付して付記したもの（ただし、括弧内に用いることのできる繊維の名称を示す用語又は商標は1種類に限る。）		
半合成繊維	アセテート繊維	水酸基の92%以上が酢酸化されているもの	アセテート
			ACETATE
			トリアセテート
		その他のもの	アセテート
			ACETATE
	上記以外の半合成繊維「半合成繊維」の用語にその繊維の名称を示す用語又は商標を括弧を付して付記したもの（ただし、括弧内に用いることのできる繊維の名称を示す用語又は商標は1種類に限る。）		
合成繊維	ナイロン繊維		ナイロン
			NYLON
	ポリエステル系合成繊維		ポリエステル
			POLYESTER
	ポリウレタン系合成繊維		ポリウレタン
	ポリエチレン系合成繊維		ポリエチレン
	ビニロン繊維		ビニロン
	ポリ塩化ビニリデン系合成繊維		ビニリデン
	ポリ塩化ビニル系合成繊維		ポリ塩化ビニル
	ポリアクリルニトリル系合成繊維	アクリルニトリルの質量割合が85%以上のもの	アクリル
		その他のもの	アクリル系
	ポリプロピレン系合成繊維		ポリプロピレン
	ポリ乳酸繊維		ポリ乳酸
	アラミド繊維		アラミド
	上記以外の合成繊維「合成繊維」の用語にその繊維の名称を示す用語又は商標を括弧を付して付記したもの（ただし、括弧内に用いることのできる繊維の名称を示す用語又は商標は1種類に限る。）		
無機繊維	ガラス繊維		ガラス繊維
	金属繊維		金属繊維
	炭素繊維		炭素繊維
	上記以外の無機繊維「無機繊維」の用語にその繊維の名称を示す用語又は商標を括弧を付して付記したもの（ただし、括弧内に用いることのできる繊維の名称を示す用語又は商標は1種類に限る。）		
羽毛	ダウン		ダウン
	その他のもの		フェザー
			その他の羽毛

2017年4月1日施行の「家庭用品品質表示法（繊維製品品質表示規程）」を表にまとめたものである

①指定用語の具体的表示例

漢字と片仮名、英語の文字が広く使用できる。しかし、50ページの表3に記載されているものだけに限定される。

```
┌─────────────────────┐  ┌─────────────────────┐
│ COTTON    100%      │  │ 綿        100%      │
│   表示者名          │  │   表示者名          │
│   住所または電話番号│  │   住所または電話番号│
└─────────────────────┘  └─────────────────────┘

┌─────────────────────┐  ┌─────────────────────┐
│ シルク    100%      │  │ POLYESTER    60%    │
│   ○○○○(株)       │  │ カシミヤ     40%    │
│   住所または電話番号│  │   表示者名          │
│                     │  │   住所または電話番号│
└─────────────────────┘  └─────────────────────┘

┌─────────────────────┐  ┌─────────────────────┐
│ 麻         65%      │  │ アンゴラ    50%     │
│ POLYESTER  35%      │  │ 羊毛        40%     │
│   表示者名          │  │ ナイロン    10%     │
│   住所または電話番号│  │   表示者名          │
│                     │  │   住所または電話番号│
└─────────────────────┘  └─────────────────────┘
```

・商標の付記（任意表示）

指定用語に商標を付記する場合は括弧書きにし、指定用語と混用率の間に表示することができる。

```
┌─────────────────────┐  ┌─────────────────────┐
│ ポリエステル(テトロン) 100% │ トリアセテート(ソアロン) 100%│
│   表示者名          │  │   表示者名          │
│   住所または電話番号│  │   住所または電話番号│
└─────────────────────┘  └─────────────────────┘
```

・商標以外の付記（任意表示）

指定用語に商標以外（繊維の名称や通称名）を付記する場合は、指定用語と混用率の間以外の場所に表示することができる。

```
┌─────────────────────┐  ┌─────────────────────┐
│ 羊毛       100%     │  │ 羊毛(ラムウール) 100%  ✗│
│ (ラムウール)        │  │   表示者名          │
│   表示者名          │  │   住所または電話番号│
│   住所または電話番号│  │                     │
└─────────────────────┘  └─────────────────────┘
```

本来の表示がなされている場合に限り、その指定用語以外に繊維の名称を示す文字を使ったり、繊維名を示すものとして著名な商標を使用することができる。

```
┌─────────────────────┐  ┌─────────────────────┐
│ カシミヤ織物        │  │ 綿        100%      │
│ カシミヤ   100%     │  │ (エジプト綿)        │
│   表示者名          │  │   表示者名          │
│   住所または電話番号│  │   住所または電話番号│
└─────────────────────┘  └─────────────────────┘
```

②獣毛表示の具体例

獣毛表示をする場合、羊毛、カシミヤ、アンゴラ、モヘヤ、らくだ、キャメル、アルパカ、その他のものと表示することができる。従来どおり、獣毛を毛と表示することも可能で、表示者の選択による。

```
┌─────────────────────┐
│ 毛         100%     │   表示項目が適切に表示されていればそれ
│ (ビキューナ 100%)   │   以外は任意表示とみなす。
│   表示者名          │
│   住所または電話番号│
└─────────────────────┘

┌─────────────────────┐
│ 羊毛        50%    ✗│   カシミヤは指定用語であるので、任意表
│ 毛          50%     │   示であっても混用率の併記が必要。
│ (カシミヤ)          │
│   表示者名          │
│   住所または電話番号│
└─────────────────────┘
```

③指定用語にない繊維名の表示

・繊維の種類が分類できる場合

繊維の種類名を示す用語に、その繊維の名称または商標を括弧に付して表示する。

「植物繊維」「動物繊維」「再生繊維」
「半合成繊維」「合成繊維」「無機繊維」「羽毛」

```
┌─────────────────────┐
│ 植物繊維(ヘンプ) 100%│   括弧内に用いることのできる繊維の名称
│   表示者名          │   を示す用語又は商標は一種類に限る。
│   連絡先(住所または電話番号)│
└─────────────────────┘
```

・繊維の種類が分類できない場合

「**分類外繊維**」の用語にその繊維の名称または商標を括弧に付して表示する。

```
┌─────────────────────┐
│ 分類外繊維(紙)  100%│
│   表示者名          │
│   連絡先(住所または電話番号)│
└─────────────────────┘
```

・複合繊維の場合

性質の異なる2種以上のポリマーを口金で複合した繊維の名称を示す場合は、「複合繊維」の用語にポリマーの名称を示す用語としてその指定用語を付記する。

④混用率5％未満または繊維の種類が不明な場合

繊維の種類が不明である場合と組成繊維中における混用率が5％未満の繊維については「その他繊維」または「その他」の用語を指定用語に代えて使用することができる。

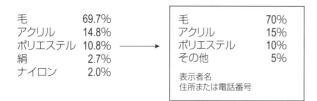

⑤混用率の具体的表示例

混用率は、製品に使用されている繊維の重量割合をパーセントで表示する。なお、混用率の大きい繊維から順次並べられているのが、好ましい表示といえる。

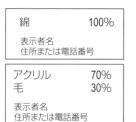

・分離表示

組成の異なる2種類以上の糸、または生地を使用した製品はその部分ごとに、それぞれを100として、混用率を表示することができる。この分離表示は、基本的な表示方法の一つで、表示しやすくわかりやすい表示方法である。

⑥特殊な表示方法

・「○○％以上」「△△％未満」表示

いずれか1種類の繊維の混用率が80％を超える繊維の混用率に「以上」を付し、残りの繊維の混用率の合計数値に「未満」を付して表示することができる。

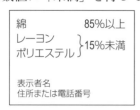

・少量混入繊維の一括表示

混用率が10％未満の少量混入繊維が2種類以上含まれている場合については、混用率の大きいものから並べ、それらの混用率の合計数値を一括して表示できる。

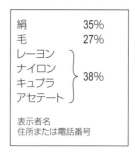

・列記表示

手袋、靴下、ファンデーション、水着、フロック加工等の繊維製品（表4）については、使用している繊維の名称だけを混用率の大きいものから順に列記して表示することができる。ただし、2種類以上の繊維が使用されている場合に限る。この列記表示には二つの方法がある。

「完全列記表示」

組成繊維として使用されているすべての繊維の名称を混用率の多い順に列記する方法。

「限定列記表示」

混用率の大きい繊維の名称を最小限二つ列記し、残りのものは「その他」として最後に一括して記載する方法。

・裏地の列記表示の例

裏生地を使用している繊維製品の裏生地部分については、表生地と裏生地を分離して表示する場合に限って、次のような表示方法をすることができる。

・混用率の大きいものから順に、使用している繊維の名称のみを表示。
・使用している繊維が3種類以上の場合、混用率の最も大きい繊維の名称と「その他」または「その他の繊維」と表示。
・使用している繊維が1種類（100％）の場合にも、繊維の名称のみ表示。

```
表地  毛      100%
裏地  アセテート
      ナイロン
      綿

表示者名
住所または電話番号
```

```
表   毛      100%
裏   キュプラ
     その他

表示者名
住所または電話番号
```

```
表生地  毛      100%
裏生地  ポリエステル

表示者名
住所または電話番号
```

表4　列記表示が可能なもの

1	レース生地及びレース生地を使用して製造し又は加工した衣料品等(手工レース製品を含む)のレース生地を使用した部分
2	水着
3	ブラジャー、コルセットその他のファンデーションガーメント、ショーツ及びキャミソールその他の装飾下着
4	靴下
5	手袋
6	帽子
7	羽織ひも及び帯締め
8	布団がわの表地　　※表地と裏地の組成繊維が異なるとき
9	和紡式の糸又はくず糸、ノイル若しくは反毛を使用する紡毛式又は空紡式の糸及びこれを使用して製造した和紡糸等生地並びに表生地に和紡糸等生地のみを使用して製造し又は加工した衣料品等
10	くず糸、ノイル又は反毛を原料として製造した詰物
11	ネップヤーン、スラブヤーン等の変わり糸、及びこれを使用して製造した変わり糸生地並びに表生地に変わり糸生地のみを使用して製造し又は加工した衣料品等
12	起毛生地等(起毛された織物及びニット生地)並びに表生地に起毛生地等のみを使用して製造し又は加工した衣料品等
13	植毛加工生地等(植毛された織物及びニット生地)並びに表生地に植毛加工生地等のみを使用し製造又は加工した衣料品等
14	組成繊維の一部が麻である糸(麻以外の組成繊維の全部又は一部が綿又はビスコース繊維のものに限る)及びこれを使用して製造した麻混用生地並びに表生地に麻混用生地のみを使用して製造し又は加工した衣料品等
15	オパール加工生地、及び表生地にオパール加工生地のみを使用して製造し又は加工した衣料品等
16	コーティング加工を施した生地、樹脂含浸加工を施した生地(合成皮革を除く)、ボンディング加工を施した生地又はラミネート加工を施した生地(コーティング等樹脂加工生地)及び表生地にコーティング等樹脂加工生地のみを使用して製造し又は加工した衣料品等
17	和紡糸等生地、変わり糸生地、起毛生地等、植毛加工生地等、麻混用生地、オパール加工生地、コーティング等樹脂加工生地又は紋様生地を表生地の一部に使用して製造し又は加工した衣料品等のこれらの生地を使用した部分
18	帯の刺しゅうの部分
19	前各号に掲げるもののほか、組成繊維中における繊維の種類が4種以上で、かつ、それぞれの繊維の混用率が5%以上である繊維製品

⑦混用率の許容範囲

表示される混用率の数値は表5のように一定の範囲であれば許容範囲として許される。

表5　混用率の許容範囲

表　　示	許容範囲	
100%と表示した時	毛	－3%
	紡毛製品 (屑糸等を使用した紡毛式糸または空紡式糸使用製品と付記した時)	－5%
	毛以外	－1%
「以上」を付記した時		－0%
「未満」を付記した時		＋0%
100以外の5刻みの数値で表示した時		±5%
上記以外の数値で表示した時	毛または羽毛の間※	±5%
	その他のもの	±4%

※ 毛または羽毛の間とは、繊維の指定用語一覧表の左欄が毛である繊維(羊毛、アンゴラ、カシミヤ、モヘヤ、らくだ及びアルパカなど)または、羽毛である繊維(ダウン、フェザー及びその他の羽毛)どうしの混用品について示すものである

⑧一部に皮革及び合成皮革を使用したものの表示
(雑貨工業品の品質表示)

平成9年の家庭用品品質表示法の改訂により、雑貨工業品品質表示規程に準じて表示をすることが定められている。材料の種類を示す指定用語と表示方法を下に示す。

表6　材料の種類

材料の種類		指定用語
革	牛の革	牛革
	羊の革	羊革
	やぎの革	やぎ革
	鹿の革	鹿革
	豚の革	豚革
	馬の革	馬革
	前各項に掲げる以外の革	材料の種類の通称を示す用語
合成皮革		合成皮革

備考　合成皮革のうち、基材に特殊不織布(ランダム三次元立体構造を有する繊維層を主とし、ポリウレタン又はそれに類する可撓性を有する高分子物質を含浸させたもの)を用いているものについては、「合成皮革」の用語に代えて「人工皮革」の用語を用いることができる。

```
表
  毛          80%
  綿          20%
  袖部        牛革
裏
  ポリエステル  100%

表示者名
住所または電話番号
```

3）家庭洗濯等取扱い方法

JIS L 0001 繊維製品の取扱いに関する表示記号及びその表示方法

対象品目（49ページ表2）の製品にJIS L 0001の表示記号（56ページ表10）を用いて、繊維製品ケアのために上限表示を行なう。消費者が行なう家庭洗濯処理、クリーニング業者での処理について下記の基本記号と付加記号を使用し表示する。

JIS L 0001は表9のようにISOの規格体系に合わせた繊維製品の取扱いに関する表示記号及びその表示方法のみの規格である。試験方法は別規格としてJIS L 1930、JIS L 1931から参照する。

①上限表示と表示者の責任

JIS序文には「繊維製品の洗濯などの取扱いを行う間に回復不可能な損傷を起こさない最も厳しい処理・操作に関する情報を提供すること」と規定されている。すなわち取扱いに関する上限に当たる記号を表示することが必要となる。

表示者の責任として、取扱いに関する事項は、信頼性のある根拠（試験結果、素材の特性、過去の不具合実績など）による裏づけを持ち、最も適切な記号を表示すべきである。対象品に不具合が生じた場合、または問合せに対して表示者はその根拠を持って説明する必要がある。過保護表示を避け、消費者の立場に立ち決定するように努める。

取扱いを行なう消費者またはクリーニング業者は「その記号の条件もしくはそれより弱い条件で取扱う」という考え方である。

②基本記号と付加記号

5個の基本記号といくつかの付加記号や数字の組合せにより処理表示を行なう。乾燥処理記号及び商業クリーニング処理記号はそれぞれ2種類あるため表示記号としては実質7個になる。原則として基本記号の示す7個の記号すべてを表示することが推奨されている。（表7）

③表示順序

「洗濯」「漂白」「タンブル乾燥」「自然乾燥」「アイロン仕上げ」「ドライクリーニング」「ウェットクリーニング」計7個の表示をこの順で左から右に並べて表示する。

④記号の省略について

「5個の基本記号（乾燥処理記号及び商業クリーニング処理記号はそれぞれ2種類あるため表示記号としては実質7個）のいずれかが記載されていないときには、その記号によって意味している全ての処理が可能とする」と規定されている。すなわち、省略されている記号が意味する最も厳しい処理が可能と解釈する。

旧JISと現JIS　省略の違い

平成28年12月以前に使用されていた「JIS L 0217 取扱い絵表示」では4個の原則必要な表示と「絞り」と「乾燥」という2個の任意記号があった。「通常その処理を行なわないときはその記号を省略しても良い」と規定されアイテム・素材特性や染色加工により省略できる記号があった。しかし、現JISでは原則7個の記号として考える。

消費者によりきめ細やかな繊維製品のケア表示をわかりやすく伝えるため、原則となる7個の基本記号をできるだけ表示することが推奨されている。

その他の注意点として、自然乾燥の処理記号には自然乾燥禁止の記号はないため、必要に応じ付記用語で「自然乾燥の禁止」の表示を記載することが推奨されている。

⑤表示方法（ラベルの性能、印字の性能）

記号は直接製品に記載するか、または耐久性のある縫いつけラベルに記載し、製品本体の見やすい箇所に容易に取れない方法でとりつける。

印字した基本記号及び付加記号、付記用語は、容易に読み取れる大きさとし、製品の耐用期間中は読み取れる耐久性のあるものとする。

⑥付記用語等の表示（任意表示）

付記用語は、被洗物に損傷を与えることなく復元し、通常の使用ができるようにするために付加する取

表7　基本記号と付加記号、表示例

	洗濯	漂白	乾燥	アイロン仕上げ	商業クリーニング
基本記号	⬜	△	□	⌂	○
付加記号（記号と数字で強さ、温度、禁止を表す）	処理の弱さ：通常の強さ／弱い／非常に弱い		処理の温度：①数字 30,40,50,60…95 家庭洗濯の洗濯液の上限温度　②ドット ●,●●,●●● 低←→高 タンブル乾燥やアイロン温度は「●」で表す		処理・操作の禁止：× 基本記号と組合せて禁止を表す
表示例	40 中性洗剤使用／当て布使用	△	○（ドット）	1	P　W

記号出典：JIS L 0001:2014

扱い情報である。記載する付記用語の数は最低限にとどめ、表示記号とは別に原則処理記号順に表示する。

　付記用語の種類として、記号に直接関連するものと、商品の特性情報（デメリット、商品説明や注意表示）を示すものがある。（表8）

注意点：ドライクリーニング処理可の表示をした場合、ドライクリーニングの処理工程にタンブル乾燥処理が含まれているため、付記用語に「タンブル乾燥禁止」と表示した場合、矛盾する表示となる。

表8　付記用語の例

表示記号と直接関連する表示	
・単独で洗う	・裏返しにして洗う
・蛍光増白剤禁止	・つけおき禁止
・ねじりまたは絞り禁止	・アイロンは裏側から
・湿った状態で形を整える	・スチームアイロン禁止
表示例  ・中性洗剤使用 ・洗濯ネット使用 ・当て布使用 ・プリント部分アイロン禁止 ※ 付記用語は表示例のように記号の近くに付記することが望ましい	
商品の特性情報	
・顔料プリントです。	・インディゴ商品です。
・表面に合成樹脂をコーティングしていますので、時間の経過で劣化し、コーティングが剥離する特性があります。	

表9　取扱い記号に関する規格の内容とISO－JIS対応表

規格の内容		ISO	現JIS（H28.12.1以降）	旧JIS（旧絵表示）
繊維製品の取扱いに関する表示記号及びその表示方法		ISO 3758	JIS L 0001	JIS L 0217
繊維製品の家庭洗濯試験方法		ISO 6330	JIS L 1930	同上
繊維製品の商業クリーニング試験方法	評価方法	ISO 3175-1	JIS L 1931-1	－
	ドライクリーニング（パークロロエチレン）	ISO 3175-2	JIS L 1931-2	－
	ドライクリーニング（石油系溶剤）	ISO 3175-3	JIS L 1931-3	－

表10　繊維製品の取扱いに関する表示記号（JIS L 0001）

JIS L 0001　平成26年10月20日制定：ISO 3758 2012と整合化
繊維製品品質表示規程　平成27年3月31日改正・平成28年12月1日施行

1. 洗濯処理

番号	表示記号	表示記号の意味
190	（洗濯桶 95）	液温は、95℃を限度とし、洗濯機で通常の洗濯処理ができる。
170	（洗濯桶 70）	液温は、70℃を限度とし、洗濯機で通常の洗濯処理ができる。
160	（洗濯桶 60）	液温は、60℃を限度とし、洗濯機で通常の洗濯処理ができる。
161	（洗濯桶 60 線）	液温は、60℃を限度とし、洗濯機で弱い洗濯処理ができる。
150	（洗濯桶 50）	液温は、50℃を限度とし、洗濯機で通常の洗濯処理ができる。
151	（洗濯桶 50 線）	液温は、50℃を限度とし、洗濯機で弱い洗濯処理ができる。
140	（洗濯桶 40）	液温は、40℃を限度とし、洗濯機で通常の洗濯処理ができる。
141	（洗濯桶 40 線）	液温は、40℃を限度とし、洗濯機で弱い洗濯処理ができる。
142	（洗濯桶 40 二重線）	液温は、40℃を限度とし、洗濯機で非常に弱い洗濯処理ができる。
130	（洗濯桶 30）	液温は、30℃を限度とし、洗濯機で通常の洗濯処理ができる。
131	（洗濯桶 30 線）	液温は、30℃を限度とし、洗濯機で弱い洗濯処理ができる。
132	（洗濯桶 30 二重線）	液温は、30℃を限度とし、洗濯機で非常に弱い洗濯処理ができる。
110	（手洗い記号）	液温は、40℃を限度とし、手洗いによる洗濯処理ができる。
100	（洗濯桶×）	洗濯処理はできない。

※この記号は、上限の洗濯温度及び最も厳しい洗濯処理に関する情報を提供するために使用される。

2. 漂白処理

番号	表示記号	表示記号の意味
220	△	塩素系及び酸素系漂白剤による漂白処理ができる。
210	△（斜線入り）	酸素系漂白剤による漂白処理ができるが、塩素系漂白剤による漂白処理はできない。
200	△×	漂白処理はできない。

3. タンブル乾燥処理

番号	表示記号	表示記号の意味
320	（□内に●● ）	洗濯処理後のタンブル乾燥処理ができる。－高温乾燥：排気温度の上限は最高80℃
310	（□内に●）	洗濯処理後のタンブル乾燥処理ができる。－低温乾燥：排気温度の上限は最高60℃
300	（□×）	洗濯処理後のタンブル乾燥処理はできない。

※ 商業クリーニングにおけるタンブル乾燥処理には適応しない。

4. 自然乾燥処理

番号	表示記号	表示記号の意味
440		つり干し乾燥がよい。
430		ぬれつり干し乾燥がよい。
420		平干し乾燥がよい。
410		ぬれ平干し乾燥がよい。
445		日陰でのつり干し乾燥がよい。
435		日陰でのぬれつり干し乾燥がよい。
425		日陰での平干し乾燥がよい。
415		日陰でのぬれ平干し乾燥がよい。

※ぬれ干しとは、洗濯機による脱水や、手でねじり絞りをしないで干すこと。
※ 自然乾燥不可の記号はない。

5. アイロン仕上げ処理

番号	表示記号	表示記号の意味
530		底面温度200℃を限度としてアイロン仕上げ処理ができる。
520		底面温度150℃を限度としてアイロン仕上げ処理ができる。
510		底面温度110℃を限度としてスチームなしでアイロン仕上げ処理ができる。
500		アイロン仕上げ処理はできない。

6. ドライクリーニング処理

番号	表示記号	表示記号の意味
620		パークロロエチレン及び記号Fの欄に規定の溶剤でのドライクリーニング処理a)ができる。 ー通常の処理
621		パークロロエチレン及び記号Fの欄に規定の溶剤でのドライクリーニング処理a)ができる。 ー弱い処理
610		石油系溶剤（蒸留温度150℃～210℃、引火点38℃～）でのドライクリーニング処理a)ができる。 ー通常の処理
611		石油系溶剤（蒸留温度150℃～210℃、引火点38℃～）でのドライクリーニング処理a)ができる。 ー弱い処理
600		ドライクリーニング処理ができない。

注a) ドライクリーニング処理は、タンブル乾燥を含む。

7. ウエットクリーニング処理

番号	表示記号	表示記号の意味
710		ウエットクリーニング処理ができる。 ー通常の処理
711		ウエットクリーニング処理ができる。 ー弱い処理
712		ウエットクリーニング処理ができる。 ー非常に弱い処理
700		ウエットクリーニング処理はできない。

※ ウエットクリーニングとは、クリーニング店が特殊な技術で行うプロの水洗いと仕上げまで含む。

出典：JIS L 0001:2014　一部を省略しています。詳細はJISを参照。

表11　用語の基本体系

☆　家庭洗濯（domestic treatments）（洗濯、漂白、乾燥及びアイロン仕上げ）

◇　洗濯（washing）" 〖洗〗 "（用語及び定義の2.2）

繊維製品に付いた汚れを水浴中で除去するための処理。
　注記　洗濯とは，次の処理の一部又は全部を適宜組み合わせたものをいう。
　　　― つけ置き，予洗及び本洗（通常は，温水又は加熱と機械作用とを伴い，洗剤などの存在下で行う）並びにすすぎ。
　　　― 上記の処理中又は処理の最後に行う遠心脱水又は絞り（以下，脱水という）。
　　上記の処理は，機械又は手で行う。

◇　漂白（bleaching）" △ "

◇　乾燥（drying）" □ "

※タンブル乾燥（tumble drying）" ⊡ "

※自然乾燥（natural drying）" |□| "

◇　アイロン仕上げ（ironing and pressing）" ⌴ "

☆　商業洗濯（professional textile care）（適用範囲及び 2.6　商業クリーニング）

◇　ドライクリーニング（professional dry cleaning）" ○ "（本体の2.6.1）

［各種の溶剤（水を除く）及び洗剤を用いた業者による繊維製品のクリーニング処理］
　注記　ドライクリーニングとは，次の処理の一部又は全部を適宜組み合わせたものをいう。
　　　― 洗い（通常は，温度調節及び機械作用を伴い，洗剤などの存在下で行う），すすぎ、脱液、タンブル乾燥及び仕上げ。

※パークロロエチレン処理 " Ⓟ "　（パークロロエチレン及び石油系溶剤による処理）

※石油系溶剤処理 " Ⓕ "　（石油系溶剤による処理）

◇　ウェットクリーニング（professional wet cleaning）" ○ "（" Ⓦ "）（本体の2.6.2）

［特殊な技術を用いた業者による繊維製品の水洗いから乾燥・仕上げまでの処理］

◇　ランドリー（この規格の適用範囲外）
（業者が家庭洗濯の記号を参考に行うワイシャツなどを対象とした水洗いから乾燥・仕上げまでの処理）

◇　工業ランドリー（industrial laundering）（この規格の適用範囲外）
（対象となるリネンサプライ及び／又は作業服などのための記号及び表示方法は，ISO 30023で規定されている）
（適用範囲の注記1）

※ 表記の一部を省略しています。詳細はJIS本文を参照

出典：JIS L 0001:2014（解説3より）

4) はっ水性

コート類のみが対象で、レインコート、雨コートと表示する製品に適用される。「はっ水（水をはじきやすい）」、または「撥水（水をはじきやすい）」と表現される。

「JIS L 1092 繊維製品の防水性試験方法」で規定される試験ではっ水度が2級以上（写真2参照）のものについて表示できる。

写真1　はっ水試験機

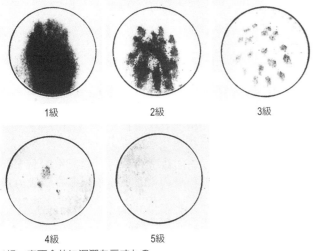

写真2　湿潤状態の比較見本

1級：表面全体に湿潤を示すもの。
2級：表面の半分に湿潤を示し、小さな個々の湿潤が布を浸透する状態を示すもの。
3級：表面に小さな個々の水滴状の湿潤を示すもの。
4級：表面に湿潤しないが、小さな水滴の付着を示すもの。
5級：表面に湿潤及び水滴の付着がないもの。

出典：JIS L 1092:2009

5) 表示者名及び連絡先

消費者が購入した商品に何か不都合が生じた場合、その製品に責任を持つ製造・販売業者に連絡をとるための制度である。

具体的には、表示者の「氏名又は名称」及び「住所または電話番号」を明記する。表示者名の記載は社名・団体名は法人登記された正式名称で記載する。商標やブランド名は認められていない。「株式会社」を㈱と省略することは認められている。また、個人が業界団体と契約し、団体名を表記することもできる。

住所と電話番号は、両方表示してもいい。ただし住所は都道府県名から、電話番号は市外局番から表示する。

```
毛       85%        絹    100%
ナイロン  15%        ○○○株式会社
   株式会社○○○     住所または電話番号
   住所または電話番号

ポリエステル 60%
絹          30%
レーヨン    10%
   ○○○組合
   住所または電話番号
```

6) 表示ラベル取りつけ位置

標準的な取りつけ位置が業界団体などにより定められている（60ページ表12）。それ以外の品質表示に関しては、情報伝達ラベルを含め、下げ札でも縫いつけラベルでもよく、形態やサイズは定められていない。すべての表示において購入時に「見やすい箇所に見やすく表示する」よう注意する。

図1　参考例

表12　取扱い表示の製品別標準取りつけ位置

製品 \ 項目		取りつけ位置 通常	取りつけ位置 特例
上衣	(背広上衣、スーツ上衣、ブレザー、ジャンパーなど)	・着用時左脇内側の縫い目部分	・着用時左脇内ポケットの見やすい部分（ポケットのあるリバーシブルのもの） ・ポケットの見やすい部分
ドレス ホームドレス	(一般ドレス、ワンピース、マタニティ、ムームー、ベビードレスなど)		
プルオーバー カーディガン その他のセーター	(一般セーター、かぶりセーター、カーディガン、チョッキ、ベスト、ボレロなど)		・着用時左内側裾部分（脇縫いのないもの）（ポケットのあるリバーシブルのもの） ・ポケットの見やすい部分
ワイシャツ、開衿シャツ、ポロシャツ、その他のシャツ			
ブラウス			・衿部の内側の縫い目部分 ・着用時下前内側裾部分（ズボン、スカートの下に入れるもの）
エプロン、かっぽう着、事務服及び作業服			
オーバーコート、レインコート、スプリングコート、トップコート、その他のコート			上衣などと同じ
寝衣	◎パジャマ ネグリジェ、ナイトローブ		・着用時左内側裾部分
	Tシャツ、タンクトップ、トレーニングシャツなど		・着用時左内側裾部分（脇縫いのないもの）
肌着	上物		
	下物（パンツ、パンティ、ズロースなど）	・腰回り内側の縫い目部分	
スリップ、ボディスーツ、シュミーズなど		・着用時左脇内側の縫い目部分	・後ろ中心上衣の内側縫い目部分
ブラスリップ			・メスカン裏側の縫い目部分
ブラジャー		・メスカン裏側の縫い目部分	
ガードル		・腰回り後ろ中心の縫い目部分	
ズボン		・腰回り内側の縫い目部分	
スカート	一般スカート キュロットスカート		
	巻きスカート（スラックス、パンタロン、半ズボン、トレーニングパンツ、バミューダなど）		・ポケットの見やすい部分（ポケットのあるリバーシブルのもの）
子供・ベビー用オーバーオール		・着用時内側の縫い目部分	
子供・ベビー用ロンパース		・腰回り内側の縫い目部分	・着用時左脇内側の縫い目部分（脇縫いのないもの）
寝巻き		・衿部の内側の縫い目部分	・着用時左脇内側の縫い目部分

※ スーツなど上下ものをセットで販売する場合は、上下もの各々に表示する。ただし、◎印のパジャマは上下そろいの場合は、上もののみにつければいいことになっている

（4）東京都消費生活条例に基づく注文衣料等の表示事例

注文衣料（生地を販売した事業者が、当該生地を購入した者または贈答された者の委託により縫製した衣料をいう）のうち次に掲げるものが東京都消費者生活条例の対象になる。

　①紳士服、②ワイシャツ、③婦人服、④学生服
　これ以外に注文カーテン及び帽子

1）表示内容
　①繊維の組成
　②取扱い方法
　③事業者の氏名または名称

2）表示方法
　①繊維の組成（混用率を含む）は繊維製品品質表示規定に定めるところにより表示すること。
　②取扱い方法はJISに定める取扱い表示記号を用いて、同規格で規定する方法により表示すること。この場合において、注文衣料に付着しているボタン、アクセサリーその他に類するものの取扱い方法が当該注文衣料の本体の取扱いと異なる時は、その取扱い方法も併せて表示すること。
　③表示すべき事項は、注文衣料の見やすい箇所に見やすく、容易に取れない方法で表示すること。

都条例には注文衣料のほかに、注文カーテン、帽子、防虫剤に義務づけられた表示事項がある。また、大阪府消費者保護条例には注文衣料について繊維の組成、取扱い方法、事業者の氏名または名称を表示することと決められている。

(5) 不当景品類及び不当表示防止法／原産国表示

不当景品類不当表示防止法では、「商品の原産国に関する不当な表示」により消費者が誤認し判断する事が紛らわしい表示や表現を規制している。

商品の原産国について、原則として、次のような表示を不当表示として規定しています。

ア　国内で生産された商品についての次に掲げる表示であって、その商品が国内で生産されたことを一般消費者が判別することが困難であると認められるもの
(1) 外国の国名、地名、国旗、紋章その他これらに類するものの表示
(2) 外国の事業者又はデザイナーの氏名、名称又は商標の表示
(3) 文字による表示の全部又は主要部分が外国の文字で示されている表示

イ　外国で生産された商品についての次に掲げる表示であって、その商品がその原産国で生産されたものであることを一般消費者が判別することが困難であると認められるもの
(1) その商品の原産国以外の国名、地名、国旗、紋章その他これらに類するものの表示
(2) その商品の原産国以外の国の事業者又はデザイナーの氏名、名称又は商標の表示
(3) 文字による表示の全部又は主要部分が和文で示されている表示

以上の本文及び枠内の出典：
消費者庁ウェブサイト（商品の原産国に関する不当な表示）
http://www.caa.go.jp/representation/keihyo/hyoji/kokujigensan.html

この表示は義務ではないが、紛らわしい場合は原産国表示をしなければならない。

1) 原産国とは

原産国とは、その商品の内容について実質的変更をもたらす行為をした国を指す。品目ごとに原産国とみなされる行為を表13に示す。

表13　原産国の行為

品　目	実質的変更をもたらす行為
織編物（糸染めも含む）	製編織
製編織後染色するもの	染色
製織後染色する和服用絹織物で小幅の着尺・羽尺地	製織・染色
エンブロイダリーレース	刺繍
下着、寝衣、外衣（紳士・婦人・子供服、ワイシャツなど）、帽子、手袋	縫製
靴下	編立て

原産国表示の方法

国産品で外国文字が使用してある場合、または日本文字で外国産を連想させる記述がしてある場合は以下のように明瞭に表示する。

- **国産の場合**　　　国産、日本製、原産国日本、○○(株) 製造 など
- **外国産の場合**　フランス製、中国製、Made in USA など

適正な表示例

```
○
Eton Jacket
LONDON

デザイン　　英国
製　造　　　日本
```

```
○
Yves Saint-Laurent

SAKURA　FUJI
桜富士東京工場
住所または電話番号
```

```
HANDSOME

生地　　　英国
製造　(株)山本屋
```

```
○
Yves Saint-Laurent

この製品は、サンローランのデザインにより
日本で製造したものです。
```

```
○
Prince
HIGH FASHION

国産
```

```
○
ENGLAND

MADE IN CHINA

企画製造　○△アパレル（株）
中国工場製造
```

```
○
Prince
MADE IN JAPAN

TOKYO
SAKURA FUJI
住所または電話番号
```

不適正な表示例

```
○
Eton jacket

London
```

```
○
Yves Saint-Laurent
```

```
○
イングランド

中国製
```

```
○
Prince

good feeling
high fashion

MADE IN JAPAN
```

(6) 医薬品、医療機器等の品質、有効性及び安全性の確保等に関する法律（旧薬事法）

　この法律は医薬品、医薬部外品、化粧品、医療用具に関する製造・販売・効果効能・表示等を規制し、品質、安全性を確保することを目的としている。

　一般的な衣料品は雑品に分類され、医療用具の承認を受けないため、以下のような薬事的な効果・効能をうたうことができない（「承認前の医薬的な表示・広告」に違反する可能性がある）。そのほか、虚偽、誤解を招く表現もしてはならない。

①疾病の治療効果をうたう効果・効能の例

高血圧	花粉症
動脈硬化	皮膚がん
便秘症	冷え性
肩凝り	水虫

②身体機能の一般的増強、増進を主たる目的とする効果・効能の例

疲労回復	細胞の活性化
新陳代謝を盛んにする	血液硬化を防ぐ
体質改善	成長促進

③医薬品的な効果・効能の暗示の例

～が治る、治す	～の緩和（痛みを緩和）
～菌を殺す	～防止　（老化防止）
～治療、治療薬	～改善　（体調の改善）

　なお、医薬品医療機器等法で許可を受けた商品は、効果・効能をうたうことができる。

　※医薬品医療機器等法に関する相談（表示・広告について）は各地の行政機関に問い合わせる。

表14　不適正表示の例

疾病の治療、予防効果の表現のため、医薬品医療機器等法に抵触する

品　　名		不適性表示例	理由／適正な表示例（※）
遠赤外線商品	セラミックプリント肌着	遠赤外線による疲労回復、冷え症	赤外線商品は、生体的に科学的証明できていないため、効能・効果（治療に対する表現）は承認していない ※保温効果のみであれば使用可「保温性に優れています。」
	セラミック入り布団わた	リューマチの痛みの緩和	
	セラミックヘアーキャップ	血行促進、発毛、育毛	
	サポーター	温熱効果で凝り、痛みを緩和	
サポーター商品	サポーター	関節の痛みを緩和	ストレートな表示は不可 ※締めつける構造のもので「太もも、膝部分など、部位によって締めつける圧迫度合いが違うので、立ち仕事でむくみを起こりにくくする」など構造上の違いを説明し、表示すれば可
	ストッキング（脚部を強く締めつける構造のもの）	動脈瘤のかたにどうぞ	
		血流がよくなり足の疲れ、むくみをとります	
		疲労回復	
抗菌防臭	靴下	水虫を治す	〝○○菌〟は病原性菌種名で使用不可 ※抗菌防臭効果は「繊維上の菌の増殖を抑制し……」あくまで繊維上の効能・効果にとどめる
		水虫菌、白せん菌を殺す	
UV防止加工		紫外線には3種類あります 　A波　軽度の日焼け 　B波　日焼け、しみを引き起こし、皮膚老化を促進 　C波　皮膚がん発生の一因 本品は、特に有害なB、C波を吸収カットします	「日やけを防ぐ」の表現は問題ない。「皮膚の老化を促進」「皮膚がん発生の一因」の表現は理屈ではそうであるが、あたかも、この商品を着用すると効果があると誤解される ※UVケア商品「日やけによるしみ、そばかすを防ぐ」「日やけを防ぐ」のみの表現。単に「しみ、そばかすを防ぐ」は不可。「日やけによる……」と表現すること
		しみ、そばかすを防ぐ	
絹繊維	靴下	絹に含まれているアミノ酸は、皮膚細胞の活性力を増進させ、血管硬化を防ぎ、医学的効果が注目されている	これは一般論の表現であり、絹製品を着用すると同様の効果があると誤解される
抗菌製品	ふきん等	O-157に効果があります	疾病の治療効果（予防の暗示も含む）、身体機能の一般的増強を目的とする効能・効果、医薬品的な効能・効果などは医薬品医療機器等法に抵触する

(7) 既製衣料品のJISサイズ表示

衣料品サイズ表示システムは衣料品全般の必要事項について下記に示すJISにより決められている。着用する人の身体基本寸法による基礎的なもので、衣料の種類に応じて3種類以下の基本身体寸法（cm）を定め、これを表示することとなっている。

消費者が、既製衣料購入の際自分の体に合ったサイズを確認して買えるよう、供給者はサイズを表示して商品展開を行なう。

既製衣料品業界で定着しているサイズ表示は、1980年（昭和55年）に一連のJIS化※が行なわれ完成したもので、このシステムはISOの国際標準に基づき、世界の中でも早期に導入されたものである。

その後、日本人の体位向上により見直し※※が始められ、成人男女のサイズ規格が改正され、引き続きほかの規格も順次改正されている。

※　昭和40～42年第1回、昭和53～56年第2回日本人の体格調査に基づく
※※　平成4～6年（財）人間生活工学研究センターによる体格調査

1）衣料サイズに関連するJIS

L 4001「乳幼児用衣料のサイズ」
L 4002「少年用衣料のサイズ」
L 4003「少女用衣料のサイズ」
L 4004「成人男子用衣料のサイズ」
L 4005「成人女子用衣料のサイズ」
L 4006「ファンデーションのサイズ」
L 4007「靴下類のサイズ」
L 4107「一般衣料品」
S 4051「成人用手袋のサイズ及びその表示方法」

2）JISサイズ表示の基本

①着用者区分
乳幼児、少年、少女、成人男子、成人女子

②服種及び着用区分
・全身用、上半身用、下半身用……この区分により表示部位が異なる
・フィット性を必要とするもの、フィット性をあまり必要としないもの

③寸法の定義
❶基本身体寸法（体の裸寸法）
　胸囲（チェストまたはバスト）、胴囲（ウエスト）、腰囲（ヒップ）、アンダーバスト、身長、足長、体重
❷特定衣料寸法（衣料の実寸法）
　特定の衣料品のみ
　股下丈、スリップ丈、ペチコート丈

④サイズの表示方法
❶サイズの表記
・サイズ絵表示（ピクトグラム）……ISO方式
　靴下類以外の品目に適応

ファンデーション以外の品目の場合

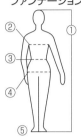

①身長
②チェスト（胸囲）
　またはバスト（胸囲）
③ウエスト（胴囲）
④ヒップ（腰囲）
⑤体重

ファンデーションの場合

⑥バスト（胸囲）
⑦アンダーバスト
⑧ウエスト（胴囲）
⑨ヒップ（腰囲）

・寸法列記表示（事例）

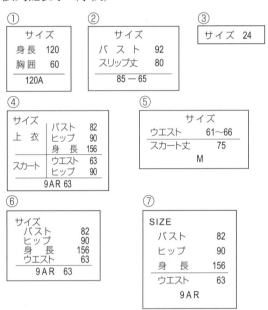

※サイズをSIZEと表現してもいい

❷寸法の数値
・範囲表示
　例　身長　155～165cm　ウエスト　61～66cm
・単数表示
　衣料の出来上り寸法の数値はこれに限る

❸特殊表示
　ワイシャツ、靴下、セット品

⑤表示票
サイズなどの表示に表示者の氏名または名称を付記し、見やすい箇所に表示する

⑥表示の適合性
・基本身体寸法の場合

個別規格で定められたサイズピッチの1/2
・必記衣料寸法の場合

必記衣料寸法	許容範囲（cm）
股下丈	＋2.0〜−1.0
スリップ丈	＋2.0〜−3.0
ペチコート丈	±2.0

3）着用者別体型区分の種類と定義

乳幼児以外の少年・少女、成人男子、成人女子及びファンデーションの規格には、体型区分による規格がある。フィット性を必要とする衣料品の中でも、体型を考慮する必要がある衣料に用いられる。

その種類と定義は下表のとおりである。

表15　着用者別体型区分の種類と定義

着用者	体型	意味
少年・少女	A	普通の体型。
	Y	A体型より胸囲または胴囲が6cm小さい人の体型。
	B	A体型より胸囲または胴囲が6cm大きい人の体型。
	E	A体型より胸囲または胴囲が12cm大きい人の体型。
成人男子	J体型	チェストとウエストの寸法差が20cmの人の体型。
	JY体型	チェストとウエストの寸法差が18cmの人の体型。
	Y体型	チェストとウエストの寸法差が16cmの人の体型。
	YA体型	チェストとウエストの寸法差が14cmの人の体型。
	A体型	チェストとウエストの寸法差が12cmの人の体型。
	AB体型	チェストとウエストの寸法差が10cmの人の体型。
	B体型	チェストとウエストの寸法差が8cmの人の体型。
	BB体型	チェストとウエストの寸法差が6cmの人の体型。
	BE体型	チェストとウエストの寸法差が4cmの人の体型。
	E体型	チェストとウエストの寸法差がない人の体型。
成人女子	A体型	日本人の成人女子の身長を142cm、150cm、158cm及び166cmに区分し、さらにバストを74〜92cmを3cm間隔で、92〜104cmを4cm間隔で区分した時、それぞれの身長とバストの組合せにおいて出現率が最も高くなるヒップのサイズで示される人の体型。
	Y体型	A体型よりヒップが4cm小さい人の体型。
	AB体型	A体型よりヒップが4cm大きい人の体型。ただし、バストは124cmまでとする。
	B体型	A体型よりヒップが8cm大きい人の体型。
ファンデーション	AAカップ	アンダーバストとバストの差が7.5cm内外の体型。
	Aカップ	アンダーバストとバストの差が10cm内外の体型。
	Bカップ	アンダーバストとバストの差が12.5cm内外の体型。
	Cカップ	アンダーバストとバストの差が15cm内外の体型。
	Dカップ	アンダーバストとバストの差が17.5cm内外の体型。
	Eカップ	アンダーバストとバストの差が20cm内外の体型。
	Fカップ	アンダーバストとバストの差が22.5cm内外の体型。
	Gカップ	アンダーバストとバストの差が25cm内外の体型。
	Hカップ	アンダーバストとバストの差が27.5cm内外の体型。
	Iカップ	アンダーバストとバストの差が30cm内外の体型。

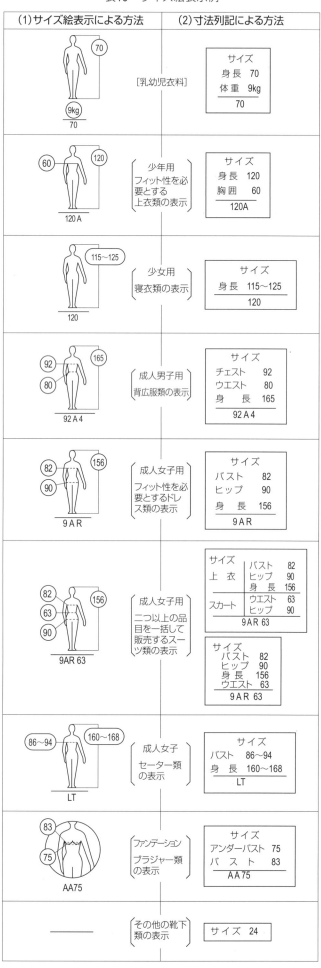

表16　サイズ絵表示例

3. 雑貨工業品の品質表示

　皮革製衣料や皮革製手袋は家庭用品品質表示法、雑貨工業品の品質表示規程に含まれている。その他アパレル雑貨に関係する主な表示について以下に示す。

(1) 革または合成皮革製の衣料

　革または合成皮革を製品の全部または一部に使用して製造した上衣、ズボン、スカート、ドレス、コート及びプルオーバー、カーディガン、そのほかのセーターには以下の表示をする。

〔表示事項〕
　・材料の種類（表6、53ページと同様）
　・取扱い上（使用上）の注意表示
　１．色落ち、硬化または劣化に関する注意事項
　２．保存、手入れ方法に関する注意事項
　３．アイロンかけに関する注意事項

〔付記事項〕
表示者の「氏名または名称」及び「住所または電話番号」
　なお、材料の一部に繊維を使っている場合、繊維名と混用率を表示。

53ページ　表6　材料の種類

材料の種類		指定用語
革	牛の革	牛革
	羊の革	羊革
	やぎの革	やぎ革
	鹿の革	鹿革
	豚の革	豚革
	馬の革	馬革
	前各項に掲げる以外の革	材料の種類の通称を示す用語
合成皮革		合成皮革

備考　合成皮革のうち、基材に特殊不織布（ランダム三次元立体構造を有する繊維層を主とし、ポリウレタン又はそれに類する可撓性を有する高分子物質を含浸させたもの）を用いているものについては、「合成皮革」の用語に代えて「人工皮革」の用語を用いることができる。

図2　革製衣料の表示例

```
家庭用品品質表示法に基づく表示
材料の種類　　牛革
取扱い上の注意
イ　洗濯（ベンジンを用いる場合を含む）または水洗
　　いをすると革の色が落ち、または革が硬化する
　　おそれがあります。
ロ　重ね置きをしないで温度及び湿度が低く、かつ、
　　通気のいいところに保存することとし、特に梅雨
　　期において陰干しを行なってください。
ハ　革の汚れを落とす場合は、革製衣料専用のク
　　リーナーを用いてください。
ニ　アイロンは低温で厚い紙または布の上からかけ
　　ることとし、蒸気アイロンは用いないでください。
　　　　○○革製衣料（株）
　　　　　住所または電話番号
```

(2) 革または合成皮革製の手袋

　革または合成皮革を製品の全部又は一部に使用して製造した手袋には以下の事項を表示する。

〔表示事項〕
　・材料の種類（表17）
　・寸法（手囲いをcm単位で記載）
　・使用上の注意表示

〔付記事項〕
表示者の「氏名または名称」及び「住所または電話番号」

表17　材料の種類

材料の種類		指定用語
革	牛の革	牛革
	馬の革	馬革
	豚の革	豚革
	ペッカリーの革	ペッカリー革
	羊の革	羊革
	やぎの革	やぎ革
	鹿の革	鹿革
	犬の革	犬革
	前各項に掲げる以外の革	材料の種類の通称を示す用語
合成皮革		合成皮革

備考　合成皮革のうち、基材に特殊不織布（ランダム三次元立体構造を有する繊維層を主とし、ポリウレタン又はそれに類する可撓性を有する高分子物質を含浸させたもの）を用いているものについては、「合成皮革」の用語に代えて「人工皮革」の用語を用いることができる。

図3　革または合成皮革製手袋の表示例
　　　（掌部は革、甲部は布の場合）

```
家庭用品品質表示法に基づく表示
材料　掌部　羊革
　　　甲部　毛100%
寸法　23cm
イ　素材にあったクリーナー、クリームや中性洗剤など
　　で手入れをしてください。
ロ　ぬれた時は陰干しで乾かしてください。
ハ　保存する時は、湿度の高い場所を避けてください。
表　示　者　　○○手袋株式会社
　　　　　　　住所または電話番号
```

(3) かばん（天然皮革）

　革製の書類かばん、ボストンバッグ、スーツケース、トランク、ランドセルなどであり、ハンドバッグ、財布などの袋物は対象とならない。
　皮革の種類はかばんの外面積（提げ手、つりひも、留め皮等を除く）の60％以上が、66ページ表18に示す表皮つきの革のものは、表中の指定の用語で表示する。
　2者または3者の混合、また床革のものは「牛革」などの品質に対応する所定の文字のみを用いて表示する。

例

```
牛革
馬革　混用
```

なお、前記以外のかばんには表示の義務はない。対象外のかばんは、とかげ、蛇、わになど表18以外の皮革を使用したもの、布、合成皮革、ビニールを使用したもの、対象となる皮革の使用量が外面積の60％未満のもの。例として、ハンドバッグ、ウエストバッグなどの袋物、財布、ポーチなど。

〔表示事項〕
・皮革の種類
・手入れの方法及び保存方法

〔付記事項〕
表示者の氏名または名称及び住所または電話番号

表18　かばん用皮革の種類

| 牛　革 |
| 馬　革 |
| 豚　革 |
| 羊　革 |
| やぎ革 |

図4　かばんの表示例

```
家庭用品品質表示法に基づく表示
皮革の種類　　牛　革

手入れの方法及び保存方法

(イ)ベンジン類の使用は避けてください。
(ロ)ぬれた時は、直射日光または火によって乾
　　燥させずに陰干しして乾かしてください。
(ハ)保存する時は湿度の高い場所を避けてく
　　ださい。

　　　　　　　　　　　○○○かばん店
　　　　　　　　　　　住所または電話番号
```

(4)靴（合成皮革）

甲の全部または一部（甲面積の50％以上）に合成皮革を使用し、甲（合成皮革）と本底（ゴム、合成樹脂またはそれらの混合物）を接着剤で接着して成型した靴。

例　ビジネスシューズ、スニーカー、ウォーキングシューズ、子供用運動靴、婦人パンプス、ブーツなど（主にタウン用として着用する靴）

対象外の靴
・甲、底材共に天然皮革を使用したもの
・甲に天然皮革、底材に合成底を使用したもの
・特定の用途に限定された靴（トレッキングシューズ、ゴルフシューズなど）
・甲がゴム製のもの（レインブーツ、長靴など）
・甲の形状がひもやバンド状のもの（サンダル、ミュール）
・部分使いなど甲部分の合成皮革使用面積が少量の場合

〔表示事項〕
・甲皮として使用する材料
・底材として使用する材料
・底の耐油性（耐油性のあるものだけに表示）
・取扱い上の注意

〔付記事項〕
表示者の氏名または名称及び住所または電話番号

図5　合成皮革靴の表示例

```
家庭用品品質表示法に基づく表示

甲皮の使用材　　合成皮革
底材の種類　　　合成底（耐油性）

取扱い上の注意

イ　甲皮の汚れを取るためには、水でぬらした布
　　を用い、靴クリームなどの保革油を用いる必
　　要はありません。
ロ　火のそばに置くと、軟化または変形すること
　　があります。
ハ　乾燥する時は、陰干しにしてください。

　　　　　　　　　　○○シューズ株式会社
　　　　　　　　　　住所または電話番号
```

(5)洋傘

雨用傘・日傘・晴雨兼用がさ傘、ビーチパラソル、ガーデンパラソル等が対象。

〔表示事項〕
・傘の生地組成
　　繊維製品のもの：繊維の名称を示す用語に
　　　　　　　　　混用率を併記
　　ビニール製のもの：合成樹脂の名称を表示
・親骨の長さ　（cm単位で記載）
・取扱い上の注意（使用方法に関する注意事項）
・ジャンプ式の折り畳み傘については、「傘の開閉時及びシャフトの伸縮時には、顔や体から離して使用する」旨を表示する
・すべての洋傘に、使用方法に関する注意事項を表示する

〔付記事項〕
表示者の氏名または名称及び住所または電話番号

図6　ジャンプ式の折りたたみかさの表示例

```
家庭用品品質表示法に基づく表示

傘生地の組成　　　ポリエステル100％
親骨の長さ　　　　58cm
親骨の表面加工　　ニッケルめっき
取扱い上の注意　・傘の開閉時やシャフトの伸縮時には、
　　　　　　　　　顔や体から離して使用してください。
　　　　　　　　・周囲の安全を充分に確認のうえ使用し
　　　　　　　　　てください。

　　　　　　　　　　　○○株式会社
　　　　　　　　　　　住所または電話番号
```

第5章
安全と環境

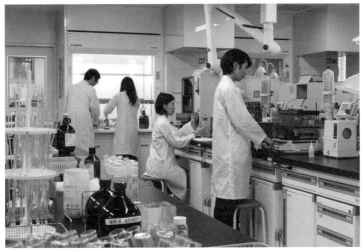

写真提供：(一財) ニッセンケン品質評価センター化学分析試験室

製品は単に生産しやすく消費者に提供すればいいという考えではなく、よりグローバルな視点で安心・安全、環境に配慮した物作りが求められている。それらの製品を選択する消費活動をエシカルコンシューマリズム（倫理的な消費活動）といい、人や環境に配慮しようという考えや行動の表われである。このことは生産から消費にかかわるところの労働環境や自然環境が守られ持続可能な体制を築くことにもつながる。

安全や環境に関することは、グローバル的な見地で法律や規制が作られ、企業はその責任として法律を遵守し製品化に取り組んでいる。

1. 繊維製品の安全性

（1）繊維製品加工剤の安全性

繊維製品の加工剤に関する法律・行政指導によって、繊維製品に使用されている加工剤で人体への影響があり、健康を害するおそれのあるものは表1、次ページ表2のように、その使用を制限されている。

表1　有害物質を含有する家庭用品の規制に関する法律（厚生労働省）

有害物質（施行年月日）	用途	対象家庭用品	基準	毒性
有機水銀化合物 （昭50.1.1）	防菌 防かび剤	繊維製品のうち 下着、靴下、手袋、おしめ、おしめカバー、よだれ掛け、衛生バンド、衛生パンツ	検出せず （バックグラウンド値として1ppmを越えてはならない）	神経障害（視聴覚障害、運動失調、言語障害等） 潰瘍を伴う強い皮膚変質
ホルムアルデヒド （昭50.10.1）	樹脂加工剤 防腐剤 （接着剤用）	①繊維製品のうち おしめ、おむつカバー、よだれ掛け、下着、寝衣、手袋、靴下、中衣、外衣、帽子、寝具であって生後24か月以下の乳幼児用のもの ②繊維製品のうち 下着、寝衣、手袋、靴下及び足袋 つけまつげ、つけひげ、かつら、靴下止めに使用される接着剤	①については検出せず （吸光度0.05以下または16ppm以下） ②75ppm以下（試料1gあたり75μg以下）	粘膜刺激 皮膚アレルギー
ディルドリン （昭53.10.1）	防虫加工剤	繊維製品のうち おしめカバー、下着、寝衣、手袋、靴下、中衣、外衣、帽子、寝具及び床敷物 家庭用毛糸	30ppm以下（試料1gあたり30μg以下）	肝機能障害 中枢神経障害
APO トリス（1ーアジリジニル）ホスフィンオキシド （昭53.1.1）	防炎加工剤	繊維製品のうち 寝衣、寝具、床敷物、カーテン	検出せず	経皮・経口急性毒性 造血機能障害 生殖機能障害
TDBPP トリス（2.3ージブロムプロピル）ホスフェイト （昭53.11.1）	防炎加工剤	繊維製品のうち 寝衣、寝具、床敷物、カーテン	検出せず	発がん性
トリフェニル錫化合物 （昭54.1.1）	防菌 防かび剤	繊維製品のうち おしめ、おしめカバー、よだれ掛け、下着、衛生バンド、衛生パンツ、手袋及び靴下	検出せず	皮膚刺激性 経皮・経口急性毒性 生殖機能障害
トリブチル錫化合物 （昭55.4.1）	防菌 防かび剤	繊維製品のうち おしめ、おしめカバー、よだれ掛け、下着、衛生バンド、衛生パンツ、手袋及び靴下	検出せず	皮膚刺激性 経皮・経口急性毒性
DTTB※（ミッチンLA） （昭57.4.1）	防虫加工剤	繊維製品のうち おしめカバー、下着、寝衣、手袋、靴下、中衣、外衣、帽子、寝具及び床敷物、家庭用毛糸	30ppm以下（試料1gあたり30μg以下）	経皮・経口急性毒性 肝臓障害 生殖器障害
ビス（2.3ージブロムプロピル）ホスフェイト化合物（BDBPP） （昭56.9.1）	防炎加工剤	繊維製品のうち 寝衣、寝具、カーテン及び床敷物	検出せず	発がん性
24種類の特定芳香族アミンを容易に生成するアゾ染料 （平28.4.1）	染料	繊維製品のうち おしめ、おしめカバー、下着、寝衣、手袋、靴下、中衣、外衣、帽子、寝具、床敷物、テーブル掛け、衿飾り、ハンカチーフ、タオル、バスマット及び関連製品 革製品（毛皮製品含む） 下着、手袋、中衣、外衣、帽子及び床敷物	30μg/g以下	発がん性

※ DTTB：4.6ージクロロー7ー（2.4.5ートリクロルフェノキシ）ー2ートリフルオルメチルベンズイミダゾール

表2 繊維製品の加工剤に関する行政指導（経済産業省）

有害物質	対象品目	基準
ホルムアルデヒド（樹脂加工）	上衣類	1,000ppm以下
	中衣類	300ppm以下
	下着には残留しないこと	
蛍光増白加工	1.過剰加工に注意すること 2.乳幼児用品にはできるかぎり加工を避けること	
柔軟加工	1.過剰加工に注意すること 2.吸水性能を特に必要とする繊維製品への加工には充分注意を払うこと	
衛生加工	1.人体の安全に疑義のある衛生加工剤は使用しないこと 2.有効な加工処理を行なっていない製品には「衛生加工法」等の表示をしないこと	
製品漂白加工	製品漂白加工を企画する場合は、製品の安全性を確認したうえで製品化すること	

(2) 子供用の衣料の物理的安全性

子供用衣料はデザインによって、衿やフード、袖口や裾などの開口部に調節用、または装飾用のひもが付属しているものがある。

アメリカやヨーロッパでは、子供用衣料のひも、フードなどが原因の死亡事故、負傷が発生しており、公的な安全規格を制定し事故の防止を図っている。日本では公的な事故の報告はないが、子供服が関連したけがや事故につながる危険性を調査した結果（71ページ図6）を見ると潜在的な危険性が多く存在していると考えられる。

日本ではより安全性に配慮した子供用衣料が流通するよう、全日本婦人子供服工業組合連合会による業界独自のガイドライン（平成20年）が任意で運用されていた。

しかし、通信販売など販売ルートの多様化が進んでいることを背景に安全規格の策定・普及の重要性が高まり、公的規格として「JIS L 4129 子ども用衣料の安全性－子供用衣料に附属するひもの要求事項」が策定され、平成27年12月21日制定公示された。

この規格は、子供用衣料に付属するひもをすべて禁止するというものでなく、そのひもが偶発的に何かに引っかかり、事故となるリスクを最小限に抑えるための、ひもに対する要求事項を定めたものであり、子供用衣料にとって必要と思われるデザイン性や機能性を否定するものではない。

規格の対象外となっているスタイ、帽子、手袋、靴などの服飾小物に関しては「必要に応じて安全基準を定める事が望ましい」と注記され、フードに関しては付属書に安全性を考慮する場合の参考として留意事項がまとめられている。

規格制定以前から、安全性への配慮をした設計、素材、副資材の選択、デザインや付属のひもによる事故の危険性を注意喚起する情報伝達ラベルの添付などの対策を実施するメーカーや販売店もあるが、今後さらに安全性への配慮が広がると思われる。

規格の啓発と普及を促すためには、子供用衣料を購入する側の消費者がひもやフードによる事故の危険性と4129規格を理解し、子供の体格、着用目的や活動環境に合ったより安全性の高い製品を選択することが求められ、生産者・消費者相互の安全に対する意識向上が、事故の未然防止につながると考えられる。

※ JIS自体は任意規格であり、法的強制力を持つものではない。JISCのウェブサイト（http://www.jisc.go.jp/）から、L4129でJIS検索すると本文を閲覧できる

1) 子供用衣料の安全性

「JIS L 4129 子ども用衣料に附属するひもの要求事項」

①目的
子供用衣料に付属するひもが偶発的に何かに引っ掛かるリスクを最小限に抑えること。（序文より引用）

②対象年齢
年少の子供：出生から7歳未満（身長の目安〜120cm）
年長の子供：7歳以上13歳未満（身長の目安〜160cm）

③対象となる衣料
13歳未満までの子供が着用することを意図して企画、製造、販売されるすべての衣料。ただしスタイ、手袋などの指定された品目には適用しない。（表3）

④身体部位の範囲と要求事項

表3 適用除外品

a)	スタイ、おむつ、おしゃぶりホルダー、下着などの子供用及び保育製品
b)	靴、ブーツ、及び同様の履物
c)	手袋、帽子、マフラー、スカーフ及び靴下
d)	シャツ及びブラウスとともに着用するようにデザインされたネクタイ
e)	ベルト、サスペンダー及びアームバンド
f)	宗教用衣料、民間儀式、宗教儀式並びに国家的な又は地域の祝祭で着用する祝賀用衣料
g)	子供の世話をする者の監督の下で限定された期間に着用される、専門のスポーツウェア及び活動用ウェア。ただし、普段着又は寝間着として一般的に着用される場合を除く
h)	演劇で使用する舞台衣装
i)	塗装、料理などに用いるエプロン。ただし、期間限定で子どもの世話をする者の管理下で、普段着の上に着用することを想定されるもの
j)	和装（新生児用肌着、甚平、浴衣など）

※ これらの品目については、必要に応じて別途安全基準を定める事が望ましい
（JIS L 4129：2015を要約、詳細は規格を参照）

子供用衣料に付属するひもの出現する位置を、身体部位の範囲で分類している。（図1）

要求事項は、自由端や、固定ループ、縫いどめなど全般に関する一般要求と、「年齢区分」と「身体の範囲」により区分された様々な要求事項がある。（表4）

図1　身体範囲の分類

A 頭部及びけい(頸)部の範囲
B 胸部及び腰部の範囲
C 股から下の範囲
D 背面の範囲
E 腕の範囲

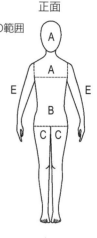
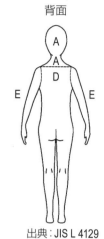

出典：JIS L 4129

表4　ひもの要求事項の一部

分類		要求事項の要約
一般	自由端※1 引きひも 装着ひも 結びベルト 又は帯	・何かに引っかかるリスクを最小限に抑える使用にしなければならない ・立体感のある装飾があってはならない ・結び目はあってはならない※2 ・ほつれを防止するために、ひもより厚くならない方法として、何らかの縫い止め、アグレット、ヒートカットなどの加工がある
A 頭部及びけい部の範囲	年少	引きひも、装着ひも及び装着ひもが付いた衣料をデザイン、製造または供給してはならない
	年長	引きひもは自由端があってはならない 衣料の開口部を最大に開いて平らに置いた状態で、突き出たループがあってはならない また、衣料の開口部を体にぴったり合う大きさに絞った場合にループの円周は150mmを超えてはならない（図2 c）
	年少・年長	ホルターネックひもは、頭部およびけい部の範囲に自由端があってはならない（図3）
C 股よりした	衣料の裾の 引きひも 装着ひも 装飾ひも 年少・年長	・衣料の裾から下に垂れ下がってはならない ・締めたり、閉じられたりした状態で、衣料に沿った状態にしなければならない（図4） ・ズボンの内股側の裾には装飾ひもはつけてはならない
D 背面の範囲	年少・年長	衣料の後部から出すまたは後部で結ぶ引きひも、装着ひもおよび装飾ひもがあってはならない（図5） （結びベルト及び帯を除く）

図2　フードの引きひもの例

a) 突き出たループのある許容しない例

b) 突き出たループのない許容する例

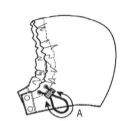
c) 体にぴったり合う大きさに絞った例
A 長さ150mmを超えてはならない

図3　ホルターネックひもの例

a) 自由端のある許容しない例

b) 自由端のない許容する例

図4　衣類に沿った状態の例

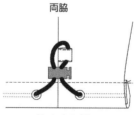
両脇
許容する例

図5　衣料の後部から出す及び後部で結ぶひもの許容しない例

※1：自由端ひもの両端または片端が、衣料に取り付けられていない状態

※2：ただし結び目に対してリスクアセスメントを実施し、リスクが許容可能な範囲まで低減した根拠となる資料、データなどを持つ場合は、この限りではない。

図1〜4、表4はJIS L 4129を参照にまとめたものです。詳細はJISを参照。
出典：JIS L 4129

⑤ひもの定義

この規格におけるひもの分類に関する全体の概念図を表5に示す。

表5 ひもの分類に関する概念図

ひもとは

トグル、ボンボン、羽、ビーズなどの飾り付又は飾りなしの、糸、布などを組み、より、編み、織り、束ね、くけ（縫い方の一種）、若しくは裁断した細長い繊維、又は細長く加工した非繊維素材で作られ、チェーン、リボン、テープ、及びタブ（テープ状の縫製品）を含む加工品

機能ひも ●衣料の着装、衣料の一部サイズの調整なども目的とした機能性を持つひも			装飾ひも
調節タイプ	引きひも	装着ひも	●衣料の開口または、衣料の一部のサイズを調整するひも又は、衣料を装着することを目的としていない、非機能的なひも
●足首、裾、袖口など衣料の開口部のサイズを調節することを目的とし、一方の自由端が何らかの方法で固定されることを前提にして付けられたテープ状の縫製品	●ひも通し部分、小さな孔などに通して、衣料の一部サイズを調節するための、調節部を除いて衣料の外部に出ない機能ひも	●衣料の開口部の結合、衣料の一部のサイズ調整など、衣料を装着するために通常、衣料に付けられた、引きひも及び調節タブ以外の機能ひも ●ショルダーストラップ ●ホルターネックひも ●スターラップ	
伸縮性のひも		●高い伸縮性及び回復性をもつゴム、エラストマーなどの弾性素材を使用した引きひも、装着ひも又は装飾ひも	
結びベルト又は帯		●衣料の腰部に巻きつける、テープ状（縫製品も含む）の引きひも、装着ひも又は装飾ひも	

この図は『JIS L 4129 付属書C』を参考にまとめたものです。詳細はJISを参照。
出典：JIS L 4129 付属書C（参考）

図6 子供用衣料が原因で起きた事故や危険事例

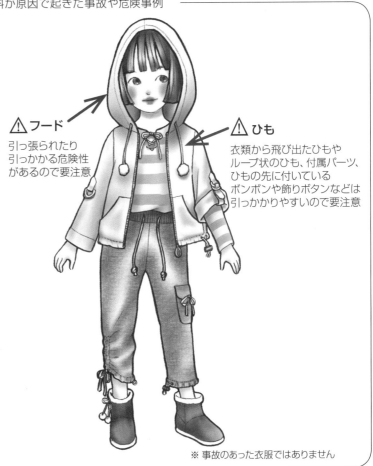

[首回りのひも]
・滑り台の枠やブランコの鎖に引っかかった

[ウエストや腰回りのひも]
・上着のひもが自転車のタイヤに引き込まれた
・長いひもを自分で踏んだ
・スクールバスのドアにはさまれ死亡事故（海外）

[ズボンの裾ひも]
・電車のドアにはさまれた
・エスカレーターにはさまり転倒した

[フード]
（JIS L 4129規定外）
・子供同士、引っ張り合い転倒した
・公園の木に引っかけた
・家のドアノブに引っ掛かり首がしまった

出典：NACSの資料を基に作成

⚠ フード
引っ張られたり引っかかる危険性があるので要注意

⚠ ひも
衣類から飛び出たひもやループ状のひも、付属パーツ、ひもの先に付いているボンボンや飾りボタンなどは引っかかりやすいので要注意

※ 事故のあった衣服ではありません

2. 製造物責任法（PL法）

「PL」とはProduct Liabilityすなわち製造物責任のこと。このPL法は、通常備えるべき安全性を欠く製品（いわゆる欠陥製品）によって、その製品の使用者または第三者が生命、身体または財産に損害を被った場合に、その製造者（メーカー）などに対して損害賠償を請求できると定めた、被害者保護のための法律で、平成7年7月1日に施行された。

従来の過失責任主義から「製造者に過失がなくても製造物の欠陥を要件として製造者に損害賠償責任を課す」というもので、消費者は「欠陥」の存在と事故との因果関係を立証するだけで企業への賠償請求ができることになる。したがって企業にとっては、自己責任の考え方を踏まえて、製品の安全確保のために今まで以上に安全チェックと万一の場合に備えてそのマネージメント体制整備が求められることになる。

・PL法は、民法709条の不法行為の規定に対する特別法である。
・考え方は、安全性に欠けた製品、欠陥商品により生じた損害の賠償責任を製造者に負わすという消費者救済の法律である。
・PL法の適用を受けるのは、「身体」「財産」などの拡大被害が対象。

(1) 法の概要
1) 責任主体
① 製造業者、加工業者（完成品、部品、原材料メーカー）
② 輸入業者
③「発売元」「販売元」などと示された実質的製造・加工業者（表示者）

2) 対象となる製造物
製造、加工、輸入されたすべての「動産」
（不動産、電気、サービス、未加工食品は除外）

3) 欠陥とは
通常あるはずの安全性に欠けている場合。
① 設計上の欠陥……構造、素材など設計面で安全配慮が不足
　　（例）皮膚障害、安全基準、技術基準に達していない
② 製造上の欠陥……設計、仕様どおりに作られず安全性に欠けた場合
　　（例）針混入、材料・部品などの品質不良、検査ミス
③ 警告上の欠陥……使い方の説明で安全性について不充分な表示
　　（例）注意表示、危険性を知らせる警告などの欠如や不充分な表現
　　安全性、危険性に関する説明の不足、不適正な表現

4) 賠償請求期間
被害者が損害の発生と賠償義務者（メーカー）を知ってから3年（3年間訴えを起こさなければ請求権は時効によって消滅）。

5) 製造者の責任期間
10年（医薬品、有害物質など長期間後に被害が出るケースは損害発生から起算）。

6) 免責事由
製品引渡し時の科学、技術水準で欠陥が予見できなかったことを証明した場合など（主に、医薬品による副作用、化学製品による健康被害などのケース）。

(2) PL法を巡る紛争処理の流れ
1) 紛争処理機関
訴訟（裁判）となると、時間的・経済的負担が大きくなる。そこで小額被害などの場合は、訴訟は起こされにくく、裁判外での紛争処理が「紛争処理機関」で行なわれる。
（例）国民生活センター、公的検査機関など

2) 損害賠償の範囲
PL法は、製品に欠陥があり、それによって事故（身体、財産などの拡大被害）が発生した場合、製造者（メーカーなど）は責任（損害賠償）を負わなければならない。損害賠償の範囲は民法の規定により、欠陥と相当因果関係にある範囲内で行なわれる。
① **人身事故の場合**
　・財産的損害（治療費、休業損害、逸失利益など）
　・精神的損害（慰謝料）
② **物損事故の場合**
　・直接損害（修理費、再購入費など）
　・間接損害（休業損害など）

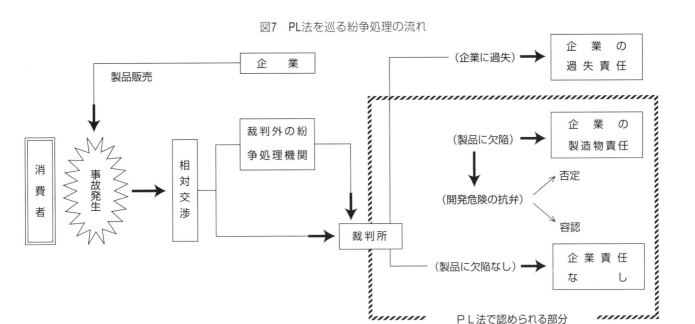

図7 PL法を巡る紛争処理の流れ

(3)繊維製品のPL法に発展する事例

製品の安全に対する責任を持ち、事故を発生させないように努め製品化しなければならない。

1. 加工材による皮膚障害 ・ホルマリン樹脂加工剤 ・柔軟剤 ・機能性加工剤	(1)ホルマリン樹脂加工剤 　　（法規制、官庁指導） ベビー衣料－検出せず ・下着、靴下、寝衣－75ppm以下　　法規制 ・中衣類－300ppm以下　経産省指導 (2)その他加工剤 　・安全な加工剤の使用 例）シャツの着用で首回りに湿疹 　（残留加工剤の影響で赤い湿疹が発生）	・衣料品全般
2. 残針	(1)縫製加工に用いたミシン針	・衣料品全般
3. 表面フラッシュ現象 （瞬間的表面燃焼）	(1)綿100%起毛製品の表面フラッシュによる火傷 (2)また、驚いて持っていたやかんの湯でやけどを負う二次被害	綿100%等の起毛製品 ・トレーナー ・寝巻き類
4. 皮膚刺激等（付属品等）	(1)モノフィラメントによる皮膚刺激 ファスナーコイルの先端による皮膚刺激 (2)金具、その他付属品の突起物、硬化物質の使用による皮膚刺激、または障害 例）水着の黒色プラスチックリングで低温やけど（夏の紫外線により、装飾品の黒い色のプラスチックが熱吸収しやけど）	・衣料品全般

(4)PL対策について

PL事故予防対策（PLP:Product Liability Prevention）

設計段階での安全基準、製造段階の品質管理の徹底対策。また、警告表示、取扱い説明の検討対策。

PL安全対策（PS:Product Safety）

製品安全システムの確立、安全技術、製品そのものの安全性の対策。

PL訴訟対策（PLD:Product Liability Defense）

PLクレーム、訴訟を有利に運ぶための体制対策。PL保険（企業への損害を最小限にとどめるために、事故発生前、発生後にどのような対策を講じておけばいか検討）。

3. 関連する法等

安全や環境保全に関係した法や知的財産権の保護、消費者契約に関する法などがある。

消防法／消防庁

消防法にある「防炎規制」には、高層建造物や公共施設、百貨店等、不特定多数の人が出入りする特定防火対象物などで使用、設置されるカーテンやのれん、カーペット等防炎対象品においては、防炎性能を持つ防炎物品の使用が義務づけられている。それらには「防炎」の表示をつける。

知的財産権／特許庁

知的創造物についての権利、営業上の標識についての権利などを保護し、模倣や第三者による使用など権利の侵害をする者に対して刑事罰などの罰則を定めている。知的財産権はさまざまな法律で保護されている。

  特許権（特許法）
  実用新案権（実用新案法）
  意匠権（意匠法）
  商標権（商標法）
  著作権（著作権法）
  商品表示、商品形態、営業秘密（不正競争防止法）

消費者契約法／消費者庁

消費者が契約を取り消すことができる場合（誤認・困惑）や契約条項のうち、消費者にとって不当なものがあればそれが「無効」であると主張できる場合を定めている。消費者保護の法律。

資源有効利用促進法
容器包装リサイクル法／経済産業省

紙製容器包装及びプラスチック製容器包装に、識別マークを法の施行に合わせて表示する。

容器包装の対象（一例）
 手提げ袋、包装紙、靴箱、ギフト用箱、
 形くずれ防止材（靴のキーパーやブラウス、ジャケット等の肩安定材など）
 シャツなどの衿型保護材、台紙
 ＰＰ袋（シャツやニットを入れる袋）
 フックつきヘッダー、帯状ラベル

第6章
繊維製品の取扱い

アパレルの品質はどういう項目をカバーすべきかということを考えてみると、品質を「消費者の要求特性」としてとらえた場合、衣服に要求されるものは何かを示したのが図1である。繊維製品のタイプによっては、その使用目的に応じて独特の性能が必要となるだろう。いわゆる衣料品の場合は、耐久性と機能性の二つに大別できると思われる。

①**耐久性**
- 引張り、引裂き強度
- 縫製の強さ
- 寸法の安定性
- 染色堅牢性
- 特殊機能の持続性
- 洗濯に対する種々の安定性（表生地、裏生地、付属品などの外観の変化、バランス等）

②**機能性**
- 体へのフィット性
- 着やすさ
- 特殊加工の場合にはその加工効果（防水・防炎、防虫、柔軟、抗菌、ストレッチ性等）
- 使用用途による特殊機能（下着の保温性、セーターの伸縮性、コートの防水性など）

消費者の要求特性の中から日常よく問題にされるのは以下である。

耐洗濯性（取扱いやすさ、衛生面）
保管（防虫性、防かび性など）
染色堅牢性（色、柄、ファッション性等）
寸法安定性（形態安定性、伸び、縮み、形くずれ、しわなど）

1. 耐洗濯性

繊維製品は、着用にともなって汚れてくるが、そのままの状態にしておくと、衛生的によくないばかりか外観の美しさや繊維製品の機能を損ない、また、繊維製品の寿命を短くすることにもなる。さらに性能の劣化からくる着心地の不快さも加わってくる。

（1）繊維製品の汚れ

繊維製品が汚れやすいか、汚れにくいかは、その繊維製品を作り出している素材や布地の構成状態によって異なってくる。繊維の側面や断面形態の違い、また、繊維が親水性か疎水性であるかによっても汚れの度合いが異なってくる。また、帯電性の大小、仕上げ処理剤による影響などにも左右され、さらに布地の組成状態、表面の粗さや平滑さ、織り目や編み目の密度、糸の撚りの強弱、けばだちのぐあいなども汚れのつき方に影響してくる。

写真1　繊維に付着した汚れ

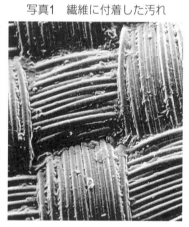

図1　消費者の要求特性

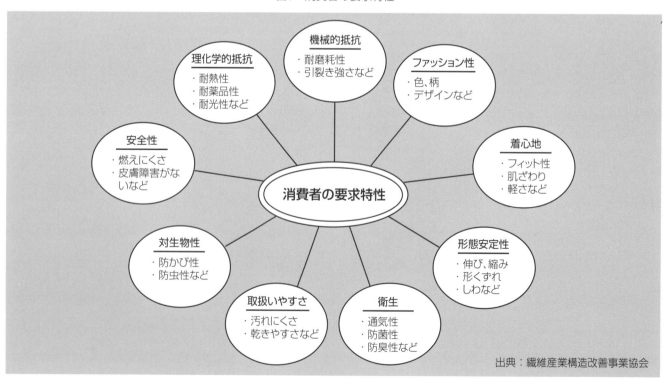

出典：繊維産業構造改善事業協会

①生理的な面からの汚れ

人体からの分泌物、排泄物、剥離物などによる汚れで、汗、皮脂、皮垢、尿、血液、乳液、膿などがある。したがって、汚れは皮膚面に近い部分に着用する下着などにつきやすい。

②生活環境からの汚れ

主に戸外で空気中から受ける汚れである。いわゆるほこり（塵埃（じんあい））といわれる固体微粒子によるもので、自然界の土砂、種子、動植物の脂肪分などや、人為的に吐き出される煤煙、鉄粉、繊維くずによるものなどがある。

(2)汚れの性状

①水溶性の汚れ

水に溶ける成分からなる汚れで、水洗いだけで充分に除去できる性質のものである。洗剤を加えるとさらに汚れは落ちやすくなる。汗、尿、しょうゆ、ソース、果汁、砂糖、でんぷん類などがある。

②油性の汚れ

水には溶けず、油脂分を溶かすことのできる溶剤（ベンジン、アルコール、ドライクリーニング溶剤）や洗剤の力を借りないと除去できない汚れである。皮脂、食用油、クリーム、口紅、機械油など、日常生活に密接な関係があるものが多く、実際にはこの種の汚れが日常生活の汚れの大半を占めている。

③固体粒子汚れ

空気中に浮遊している煤煙、土砂、ごみなどの付着による汚れである。落ちやすい汚れであるが微細なものほど繊維と繊維のすきまに入り込むため、除去がめんどうな場合がある。

(3)洗剤

繊維製品を洗浄する場合、汚れの種類によっては水や湯だけでは容易に落ちないので、洗剤が必要となる。洗剤は、その主成分である界面活性剤（表3）の働きによって汚れが除去され、洗浄作用を発揮する。界面活性剤を水に溶かした場合、その水溶液がイオン解離するもの（イオン系）と、しないもの（非イオン系）とに分けられる。洗剤として用いられているのは、イオン系の陰イオン系活性剤と、非イオン系の非イオン系活性剤である。

表3　界面活性剤の種類と用途

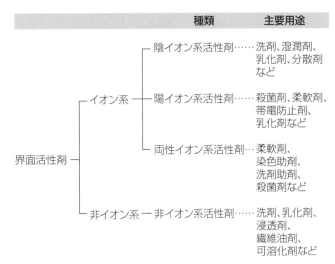

表1　下着に付着した汚れの成分

食塩	15～20%
尿素	5～7%
タンパク質（皮膚の代謝物）	20～25%
炭水化物（でんぷん、繊維くず）	20%
油脂（脂肪酸、グリセリド、鉱油）	5～10%
固体粒子（煤煙、ケイ酸塩、炭酸塩、酸化物など）	25～30%

表2　汚れの分類

汚れ機能	汚れの種類	汚れ成分	例
浮遊塵埃の吸収、付着	固形	浮遊塵埃	展示衣類、カーテン、スリップ及びズボンの裾、外衣
接触摩擦	固形油性	浮遊埃塵、皮膚老化物、汗成分、人体分泌物	ワイシャツの袖口、衿首、外衣、枕カバー、下着、靴下、カーペット
洗濯時の再汚染	固形油性	浮遊塵埃、皮膚老化物、人体分泌物	下着及びワイシャツの黒ずみ、樹脂加工布の湿式汚れ
しみの吸収、付着、接着	水性油性	バター、マヨネーズ、コーヒー、ソース、油、インク、口紅、その他	テーブルクロス、外衣、カーペット
微生物汚れ		微生物の繁殖、死滅、汚物	下着、テーブルクロス、室内装飾品

1) 洗浄の過程

繊維に付着した汚れは、洗剤分子の持つ活性基の働きによって、だいたい次のような過程で除去される。

①水溶液中にある洗剤分子の親油基が、汚れと繊維に向かって吸着していく。

②吸着した洗剤分子は、湿潤、浸透の作用で汚れの成分を湿らせ、内部にまで入り込む。

③そのため、汚れは繊維との付着力が弱まり、また手や機械などの外力の影響を受けることにより、繊維面から離脱しやすくなる。

④繊維から離脱した汚れは、洗剤分子に周囲を取り囲まれた粒子状になり、分散する。

⑤さらに汚れは、摩擦などにより微粒化され、乳濁物

として液中に乳化、分散の状態になり、繊維上に再付着することなく、浮遊している状態になる。
⑥これらの汚れ成分は、すすぎ、排水によって除去される。

図2 洗浄の過程

洗剤分子が汚れと繊維へ吸着

汚れの繊維面からの離脱

汚れの粒子の微粒化による乳化分散状態

2）せっけん

わが国では、1872年に長崎や横浜でせっけんの製造が開始された。せっけんの原料には、天然の油脂や高級脂肪酸が用いられる。油脂は動物性のもので、牛脂、豚脂、鯨油、魚の硬化油などが用いられ、植物性では、やし油、オリーブ油、大豆油などがある。

せっけんの一般的性質は、

①水に溶けるとイオンに解離し、陰イオン活性を示す洗剤である。水温の上昇に伴い、溶解性、洗浄力が増大する。
②水に溶けて弱アルカリ性（pH10ぐらい）を示す。これは洗浄作用が最も効力を発揮するpH領域である。
③硬水中では、不溶性の金属せっけんになり、沈澱（せっけんかす）を起こし、洗浄作用を失うばかりでなく、製品の仕上りをも損なう。
④せっけんは油性分をよく乳化し、微粒化して液中に分散させる能力が大きい。また湿潤性が高く、付着した汚れの多いものなどの洗浄に適している。したがってせっけんを使う場合は、軟水（水道水）のぬ

るま湯（30℃前後）で、せっけんをよく溶かして用いる。すすぎもぬるま湯で、せっけんかすが付着しないよう、よくすすぐことが大切である。

表4 洗剤の種目別分類

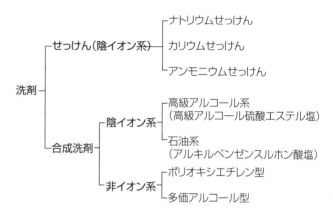

3）合成洗剤

①陰イオン系合成洗剤

高級アルコール系洗剤

主原料にはやし油や鯨油から得られる脂肪酸が用いられていたが、現在は石油化学からの合成品を原料とした製造方法がとられている。

性質

低温（10℃くらい）でも溶解性に優れているが、洗浄力はせっけんよりやや劣り、水溶液は中性を示す。また、硬水や酸性液にも安定性がある。仕上りがソフトなので、毛や絹などの洗浄に適している。

石油系洗剤

当初より主原料に石油からの産物を用いているのでこの名称がある。成分により、ABS洗剤、LAS洗剤、AOS洗剤などがある。

性質

水に対する溶解性が大きく、硬水、低温の水にも溶ける。浸透性、脱脂力が強いので油脂性汚れの洗浄に向いているが、毛などの洗浄には、脱脂力が強いため風合いを損ねる危険性がある。家庭用洗剤には、洗浄効果を高めるために、アルカリ性のビルダー（洗浄強化剤）を加えて、弱アルカリ性にしてある。

②非イオン系洗剤

洗剤としては、陰イオン系洗剤に次いで多量に生産されているもので、水溶液はイオンに解離しない。

性質

水溶液は中性を示し、硬水に対する安定性が特に優れている。洗浄力は低濃度でもきわめて高く、乳化分散力も強い。繊維への吸着力は低く、起泡性も低いのですすぎは簡単である。工業用として原毛や合成繊維の精練、洗浄用に、また浸透剤として多くの分野に利

用されている。このほかにドライクリーニングにおけるチャージシステムのチャージ用洗剤としても活用されている。イオン性を有しないことから、ほかの界面活性剤とも併用できる利点がある。また仕上りの風合いがソフトなので、家庭用洗剤の陰イオン系洗剤に若干配合されている。

③ビルダー

洗剤の主成分は界面活性剤であるが、その主成分と一緒に配合されて、洗剤の作用を増強させる役目の助剤を総称してビルダーという。ビルダーには、炭酸ナトリウム、硫酸ナトリウム、CMC、酵素、蛍光増白剤などがあり、ビルダーそのものには界面活性力はないが、併用すると著しく洗浄効果を発揮し、被洗物の風合いの劣化を防ぐことにもなるので、一種の洗浄強化剤、性能向上剤といえるものである。

④合成洗剤の問題点

合成洗剤は水に溶けることや、使用に便利なこと、さらに洗濯機の普及に伴い多量に消費されるようになった。しかしその反面、人体の皮膚表面や諸臓器に対する影響の有無や程度、また環境汚染、泡公害、水質汚濁などについて各方面で論議されて、合成洗剤が原因であるとする有害説や、そうでないとする無害説などがある。

洗剤は家庭用品品質表示法に基づき、品名、用途、液性、成分、正味量、標準使用量、使用上の注意、会社名、住所が表示されているので、各々、被洗物や、洗濯方法、汚れの程度、色物・白物の違い、生成製品などにより使用方法に注意し、使い分けることが大切である。

(4)洗濯法の種類

1)湿式洗濯法

適当な温度条件の水に洗剤を溶かした溶液中で洗濯する方法である。水溶性の汚れはよく落ちるが、繊維によっては膨潤からくる収縮や形くずれ、ほつれ、色落ちなどで、製品を変形、変質、汚染させるおそれもある。家庭洗濯では、洗剤と家庭用洗濯機を使用、または手洗いなどを行なうが、専門業者では湿式洗濯をランドリークリーニングとウェットクリーニングに分けている。

ランドリークリーニングは綿、麻あるいは合成繊維との混用品の白物に対し、弱アルカリ性洗剤を用いて、50〜80℃の高温でワッシャー（回転ドラム式洗濯機）で洗濯を行なう。

ウェットクリーニングは、毛、絹、化学繊維、色落ちの心配がある綿製品など、高温や強い洗濯条件に耐えられないものに対して、50℃以下で製品の性質、風合いに応じた穏やかな方法で行なう。

表5 繊維に適した洗剤と耐光性

繊維名			洗剤	耐光性	その他
天然繊維	植物繊維	綿	せっけん 弱アルカリ性合成洗剤	強い。長時間さらすと弱くなり黄変	乾きにくく、しわになる。蛍光増白加工製品は日陰干し
		麻		強い。長時間さらすと次第に強度低下	しわになる
	動物繊維	毛	中性洗剤	強度が低下し、黄変する	縮みやすい。防縮加工製品は扱いやすい
		絹		目立って弱く、黄変する	艶がなくなりやすい。専門業者に任せるほうがいい
化学繊維	再生繊維	レーヨン	せっけん 弱アルカリ性合成洗剤	長時間さらすと、わずかに強度低下	乾きにくく、しわになり縮む。形くずれ、けばだちなどが起きやすい
		キュプラ		やや弱くなる	
	半合成繊維	アセテート	中性洗剤	ほとんど変わらない	しわがつくと、とれにくい
	合成繊維	ナイロン	弱アルカリ性合成洗剤 中性洗剤	弱くなり、黄変する	乾きが早く、縮みが少ない
		ポリエステル	弱アルカリ性合成洗剤	ほとんど変わらない	乾きやすく、縮まない。しわをつけるととれにくい
		アクリル	中性洗剤		
		ビニロン	弱アルカリ性合成洗剤		乾きが早い
		ポリウレタン	弱アルカリ性合成洗剤 中性洗剤	強度がやや低下し、変色する	変色しやすい
		ポリプロピレン	弱アルカリ性合成洗剤	長時間さらすと、強度が低下する	吸湿性がない
		ポリ塩化ビニル		弱くなり、黄変する	乾きが早く、縮みが少ない

2）湿式洗濯の条件

湿式洗濯をする場合は、製品についている組成表示、取扱い表示などをよく確認し、洗濯することにより変形、変質などしないように充分注意を払い、合理的に行なう。

①洗濯用水

洗濯に使用する水は清浄透明で、洗剤の働きを防げる成分因子を含まないものがいい。日本の水道水は一般的に軟水であり、その条件に適している。カルシウムやマグネシウム、塩分、鉄分などが含まれている温泉水などは硬水のため洗浄には適していない。家庭の風呂の残り湯を洗濯の洗い程度に再利用することなどは水の節約、資源のリサイクルにも通じる。

②洗剤の濃度

洗剤の濃度が高まるにしたがい、洗浄効率は上がるが、ある濃度以上になると洗浄効率は逆に低くなる。洗剤の使用量は、家庭用品品質表示法に従い、使用する洗剤の標準使用量を確認して使用するといい。洗剤のタイプ、特徴により濃度は異なるが、一般的に0.1～0.2％くらいが最高の洗浄効率を示す領域である。最近ではコンパクト型洗剤が普及してきて、洗剤の重量と見かけのかさに惑わされ、洗剤を使いすぎるとかえって洗浄効果は低下する。また、繊維への洗浄吸着が増加するため、すすぎの所用時間、水量の増加、ひいては資源、エネルギーのむだと環境汚染の原因にもつながる。

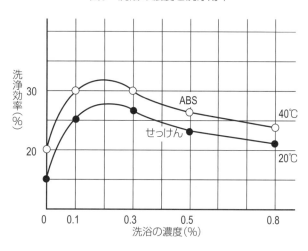

図3　洗浴の濃度と洗浄効率

③温度の影響

わが国の家庭洗濯では水道水を使用することが多いので一般的に、水温が低く、夏期で20℃くらい、冬期では5～10℃くらいになる。洗剤の種類により、温度の影響は異なるが、せっけんは合成洗剤より温度を高くして使用するほうが効率はいい。欧米諸国では高温洗濯も行なわれているが、わが国では被洗物の損傷や、水質、生活習慣などを考慮して、洗浄温度は綿製品では40℃くらい、合成繊維製品についてはその種類や品質により、30～40℃くらいで、また水洗いできる加工の施されている毛や絹製品では30～35℃くらいで行なうのが望ましい。また、製品の素材としてよく用いられるポリエステル繊維は、洗浄中に一度繊維から離れた汚れの粒子が、膨潤した繊維や糸のすきまに入り、再付着する現象が起こりやすく、再汚染するおそれがある。

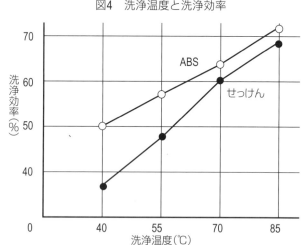

図4　洗浄温度と洗浄効率

④洗浄時間

洗浄時間は、被洗物の種類、汚れの程度により一概に決められないが、洗浄時間を長くしても洗浄効率はあまり上昇せず、かえって被洗物を損傷させることにもなる。汚れの状態、繊維の湿潤時における強伸度、染色堅牢度、縫製のぐあいなどを考え、加減するといい。

手洗いの場合は汚れが落ちたら洗浄を止めればいいわけであるが、わが国で普及している洗濯機（渦巻き式）では一般的に10～15分くらいのタイマーつきのものが多い。これは同一の洗浴の場合、この範囲を目安とすればいいことを示している。汚れの落ちない場合は洗浴を替え、二度洗いすると効果的である。

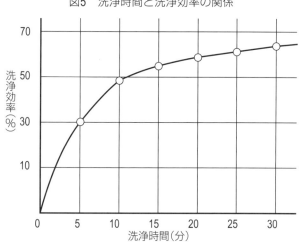

図5　洗浄時間と洗浄効率の関係

⑤浴比の割合

被洗物と水との割合は、洗濯機と手洗いとでは異なる。洗濯機では水量を多くしないと布地が摩擦してからみ合い、水の流れが起きにくい。浴比の大きいほうが汚れ落ちはいいが、水量が多くなれば、洗剤の使用量も当然多くなり、双方を浪費することになる。洗濯機の場合は被洗物の重量、かさにより、それがゆとりを持ってつかるくらいが適当である。洗濯機の種類によっても異なるが、渦巻き式では1：15～1：20くらいに、あるいは節約サイクル、汚れの少量の場合など、浴比を選択できるように設計されている。手洗いの場合は、汚れを確認しながら洗えることや、少量の水、例えば浴比が1：10くらいで行なえるなどの利点がある。なお、本洗いだけでなくすすぎの際の水量をオーバーフローにするか、ためすすぎにするかなども工夫すると水の節約につながる。

⑥洗剤と繊維との関係

洗濯する前には、被洗物についている組成表示や取扱い表示などを充分調べ、さらに仕上げ加工など、また表生地、裏生地、各種の付属品にも注意を払い、水洗いできるか、あるいはドライクリーニングが適しているか確認してから洗剤を選ばなければならない。

洗濯機、手洗いいずれの場合にも洗濯条件をよく考え、また、被洗物をよく調べ、機械洗いでは水流（強、弱）、手洗いではつかみ洗い、押洗い、ブラシ洗いなど工夫し、被洗物を傷めず、汚れだけを落とすよう工夫しなければならない。

⑦すすぎ、脱水、乾燥

すすぎは、繊維に付着している洗剤や、せっけんかす、アルカリ類を完全に取り除くために行なう。すすぎは本洗いの温度以上で行なうと白度も増し、せっけんかすが残りにくい。脱水は、被洗物の繊維や、組成、形状、縫製などによって手絞りか、あるいは機械脱水の場合は、強、弱、時間の長、短を選択したほうがいい。強い脱水、長時間の脱水は、形くずれ、不必要なしわをつけることになる。乾燥は、繊維や加工の方法などにより、直射日光に干すと、黄変、変質したりするものや、乾燥機で乾かすと形くずれ、収縮、しわなどを発生させることがあるので注意する。またつり干し、平干し、日陰干しなど干し方に工夫したり、ハンガーを使ったり、また干す場所などにも注意を払い、被洗物を傷めないようにする。また、最近では、干し方によっては住環境美観上の問題点なども起きるようになってきた。

写真2 水とドライクリーニング溶剤の溶解性の違い

①角砂糖

③天然ゴム

②染料

④紙

第6章 繊維製品の取扱い

⑧洗濯の道具、洗濯機と乾燥機

日本では昭和5年（1930年）に国産洗濯機が発売されたことに始まり現在はほとんどの家庭で使用されている。洗濯機が普及する以前の洗濯は、洗い桶、洗濯板、たたき棒などの道具や、手や足を使ったもみ洗い、踏み洗いを行なっていた。

現在の洗濯機には、二槽式洗濯機、縦型またはドラム型の全自動洗濯機、全自動洗濯乾燥機などがある。

表6　主な洗濯機の種類

全自動洗濯機	縦型 （渦巻き式） （撹拌式）	乾燥機能なし
		簡易乾燥機能つき
		乾燥機能つき
	ドラム型 （回転ドラム式）	乾燥機能なし
		乾燥機能つき
二槽式洗濯機	縦型渦巻き式洗濯槽と 脱水層が別になっている	

機能や洗濯コースもさまざまあり、デリケートな製品を優しく洗う、頑固な汚れを強く洗う、節水しながら短時間で洗うなど被洗物の素材や汚れにより設定することができる。

家庭用の独立したタンブル乾燥機には、電気やガスによるドラム式乾燥機がある。使用できない素材、アイテムがあるので注意が必要だが、天候に左右されず自然乾燥よりも短時間で乾燥できる利点がある。自然乾燥の方法には、屋外での外干し、屋内での室内干し、直射日光を避ける陰干しがある。雨天や花粉対策により外干しができない場合、乾燥機能つきの浴室や、除湿機があれば乾燥を早めることができる。そのほか、クリーニング業者が使用する乾燥機には、立体乾燥機、遠赤外線利用の乾燥機や、大型タンブル乾燥機がある。

洗濯をするための道具や機械は、その時代や消費者動向に伴い考えられ製造されている。

●渦巻き式／もみ洗い　●撹拌式／反転のかき混ぜ洗い　●回転ドラム式／たたき洗い

3）ドライクリーニング

溶剤を用いて、汚れの主成分である脂肪質を溶かして洗浄する方法である。設備を整え、溶剤管理に注意し、また「クリーニング師」という有資格者でないと操作できないので、主に企業で行なわれている営業用クリーニングである。

ドライクリーニングの方法には、
① 溶剤だけで洗浄
② バッチシステムによる洗浄（溶剤中に洗剤を少し加えた状態で洗浄）
③ チャージシステムによる洗浄（溶剤中に洗剤とさらに水分を加えた状態で洗浄）
がある。

アパレルは、素材、加工、縫製などが複雑になり、また各々の丈夫さ、染色堅牢性も異なるため、湿式洗濯よりもドライクリーニングにするほうが無難である。なお、最近のファッションの傾向を見ると見かけの美しさを優先させた製品も多くなり、実用衣料、ファッション性と洗濯方法も考慮しなければいけなくなってきた。クリーニング業界も素材の開発、加工、さらには流行にも注目し、どのような製品に対しても処理できるよう、溶剤やクリーニング方法の研究、開発を進めている。また、溶剤の環境汚染、オゾン層破壊、地下水への汚染等の問題もあり、ドライクリーニング以外の洗浄方法の実用化も進んでいる。

写真3　クリーニング工場の立体仕上げ

表7 ドライクリーニング溶剤の性能

溶剤		比重	沸点（℃）	KB値（洗浄力）	引火性（℃）	オゾン層破壊係数	地球温暖化係数
石油系		0.8	150～200	32～40	38以上	0	5～50
塩素系	パークロロエチレン	1.6	121	90	なし	<0.007	12
代替フロン	HFC-365mfc※1	1.25	40.2	13	なし	0	890
	HFC-43-10mee※1	1.58	53.6	5	なし	0	1600
	HCFC-225※2	1.55	54	31	なし	0.04	500
数値が大きいほど		たたき洗いの効果大	乾燥しづらい	油溶性の汚れを落とす	引火しづらい	オゾン層を破壊する	温暖化する

※1 HFCフロン排出規制対象物
※2 HCFC225 2020年以降も使用は可
代替フロンについて：全国クリーニング生活衛生同業組合連合会より情報提供

表8 ドライクリーニングと水洗いの特徴

	ドライクリーニング	水洗い
長所	・油溶性汚れを落とす ・繊維が膨潤しないので収縮や形くずれなどの変化が起きにくい ・乾燥が早い ・風合いが変化しにくい	・特に水溶性の汚れを落とす ・ドライクリーニング溶剤に比べ、環境破壊などの有害性・危険性が小さい
短所	・水溶性汚れが落ちにくい ・溶剤によっては毒性、引火性、爆発性のあるものもある ・溶剤によっては染料、顔料の溶出、ボタンの溶解、付属品の脱落、樹脂加工の損傷などがある ・再汚染が短時間で進行する ・溶剤、設備に高額の費用がかかる	・収縮、形くずれ、ほつれ、色落ちなど繊維を変形、変質する可能性が大きい ・乾燥が遅い ・仕上りの風合いがややかたい

図6 専門業者によるクリーニングの工程とチェックポイント

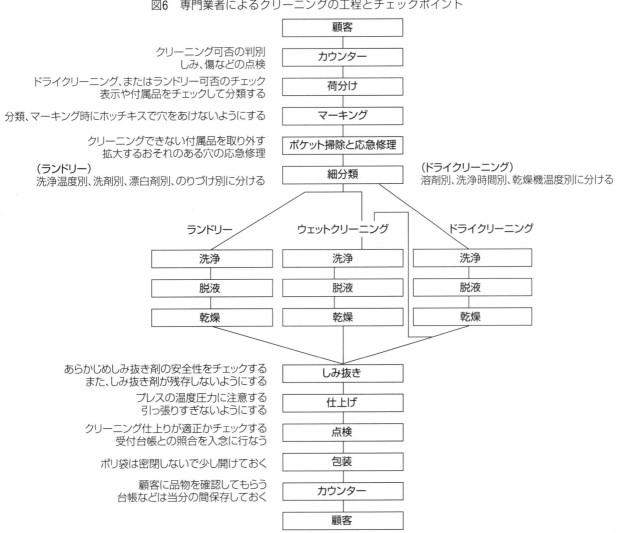

4）特殊クリーニング

湿式洗濯、ドライクリーニングのほかに、製品に適するよう工夫された各種の洗濯方法がある。

①オゾン洗浄

オゾン溶水を利用し、被洗物をハンガーにかけたまま、シャワー状態に洗液を吹きつけて洗う。オゾンには漂白、殺菌、消臭の効果がある。

②泡、パウダー洗浄

洗剤液を泡状にし、被洗物の浸潤を抑えながら汚れを除去する。あるいはクルミの殻、とうもろこしの芯などの植物精製粉末（パウダー）に少量の洗剤を含ませ、汚れを吸い取らせるパウダークリーニングがある。

（5）漂白と増白

1）漂白

漂白剤には、酸化作用による酸化漂白剤と、還元作用による還元漂白剤がある。

①さらし粉

主成分は水溶性の次亜塩素酸カルシウムと塩化カルシウムからなり、そのほか、水に不溶の石灰も含んでいる。水に溶かしても完全に溶けないので、使用する時は、上澄み液を用いる。主に綿、麻、レーヨンなどに使われる。

②次亜塩素酸ナトリウム

さらし粉の溶液に炭酸ナトリウム溶液を加え、その上澄み液として得られるものである。工業用は10％、家庭用としては5～6％の有効塩素濃度（漂白剤として作用する率）の水溶液が市販されている。水に対する溶解性がきわめていいため、漂白むらを起こしたり、高濃度で長時間使用すると繊維を傷める心配がある。現在、家庭用として最も普及している。漂白に限らず殺菌にも応用できる。主に綿、麻、レーヨン、ポリエステルなどに用いられる。

③過炭酸ナトリウム

白色の粉末。酸化力のある漂白剤として利用されている。液性は弱アルカリ性。絹・毛を除くすべての繊維に使用でき、色柄物や樹脂加工したものにも使用できる。使用後、炭酸ソーダと酸素・水に分解するため、環境負荷が少ない。

④過酸化水素

過酸化水素水として工業用は30％、医薬用は3％で市販されている。なお医薬用の過酸化水素水は「オキ

表9　漂白剤の種類と特徴

種類と主成分	酸化型			還元型
	塩素系	粉末　酸素系	液体　酸素系	還元系
	次亜塩素酸ナトリウム	過炭酸ナトリウム	過酸化水素	二酸化チオ尿素
製品名	ハイター キッチンハイター	ワイドハイター　粉	ワイドハイター　液体 手間なしブライト　液体	ハイドロハイター
液性	アルカリ性	弱アルカリ性	弱酸性	弱アルカリ性
主な用途	・食品、文具、血液などのしみ、残留皮脂や汗による黄ばみ・黒ずみの漂白 ・衣料、おむつなどの除菌、消臭			・鉄分による黄ばみの漂白 ・塩素漂白による一部樹脂加工品の黄ばみの回復
特徴	・漂白力強い ・除菌、消臭効果高い ・塩素臭	・比較的漂白効果穏やか ・ツーンとする刺激臭がない	・比較的漂白効果穏やか ・塗布漂白で短時間に非常に強い漂白効果がある	・酸化型に比べると漂白作用弱い ・硫黄臭
使えるもの	白物専用 水洗いできる綿、麻、ポリエステル、アクリル	水洗いできる綿、麻、化合繊の白、色、柄物※1	毛、絹を含む、水洗いできるすべての繊維 白、色、柄物※1	・白物専用 水洗いできるすべての繊維
使えないもの	・色柄物 ・毛、絹、ナイロン、アセテート及びポリウレタン製品とその混紡品 ・獣毛のはけ ・樹脂加工品※3	・毛、絹とその混紡品 ・一部の含金属染料で染めた物	・一部の含金属染料で染めた物	・色柄物
	水洗いできないもの	金属製のボタン、バックル、ファスナーなど※2		
注意点	・高温水で使用しない ・酸性タイプの洗浄剤と混用不可	・衣類に直接振りかけない ・つけおきの場合、水またはぬるま湯によく溶かしてから使用	・つけおきの場合、水またはぬるま湯によく溶かしてから使用	・40度程度のお湯によく溶かしてつけおきする ・毛と絹は、つけおき30分以内
	長時間の放置はしない、つけおきは30分（～2時間以内）浸し、水ですすぐ			

※1 色落ちテストをして、色が落ちるものは使用不可
※2 金属のボタンやファスナーに漂白剤が触れると、さびの原因や布が傷んだりすることがある。金属容器でも使用できない
※3 塩素系漂白剤により黄変するものがある

シドール」という。これを繊維の漂白に応用してもいい。繊維を傷める心配も少なく、主として毛、絹、ナイロンなどに用いられるが、そのほかセルロース系繊維にも利用できる。

⑤二酸化チオ尿素
還元漂白剤の中では、家庭用として最も利用しやすい種類である。主に毛、絹、アセテート、ナイロンに利用されるが、ほかのすべての繊維にも用いることができる。毛や絹の漂白には常温～40℃くらいで漂白するといい。

いずれの漂白剤も使用条件、方法をまちがえると、漂白されずに、黄変、脆化などを起こしてかえって製品を損傷させてしまうため、各々の漂白剤の使用方法、取扱いを理解し、また製品に使われている付属品、加工にも注意を払い利用することが大切である。（表9）

2) 漂白する場合の一般的な注意事項
①使用する容器は、ほうろう製、またはプラスチック製のものがいい。製品についている金属性素材のものは、取り外しておく。
②漂白前は必ず被漂白物を洗濯しておく。
③漂白条件（繊維の種類、温度、時間、浴比、濃度など）を守る。
④漂白中は時々撹拌し、溶液から浮き出ないよう注意し、漂白むらを起こさないようにする。
⑤最近は白生地にも各種の樹脂加工、糊付け加工などが施されているため漂白剤との結合で化学変化を起こすことがある。繊維と漂白剤との適正だけで判断しにくい場合もあるので、共布で試してみてから行なうといい。
⑥漂白後は流水でよくすすぎ、脱塩素の必要なものはその処理をする。

3) 増白
製品を洗濯、または漂白した後に、さらにその白さを高めることを目的として蛍光増白の処理が行なわれる。この処理をすると少々青みを帯びて青白く見える。

蛍光増白剤の特性
①物理的処理なので、繊維を傷める心配はないが、布地がある程度白くないとその効果は生じにくい。
②性質上、紫外線を含まない照明の下では、その効果を発揮することはできない。
③光、熱湯、塩素には抵抗力が低いので取扱いに注意する。
④洗濯により蛍光剤が脱落し、効果が減少することもある。その場合は再処理する。

(6) 仕上げ
製品の汚れを落とし清潔にし、白物をより白くするために、漂白、増白などを行ない、さらに製品の美しさ、風合い、シルエットなどを再現し、また着心地よく着用できるようにするため、①糊付け仕上げ、②帯電防止、柔軟処理、③アイロン仕上げなどを行なう。

1) 糊付け仕上げ
糊剤は、天然糊と化学糊に大別される。（表10）
種類により効果、取扱いやすさは異なる。光の作用やアイロンの処理により黄変するもの、保管中に吸湿してかび・臭気を発するものなどがあるため適切な糊を選定する必要がある。

糊付け仕上げの効果には、
①布地に適度なかたさを与え、形を整える。
②布地の表面のけばを押さえて平滑にし、光沢を与える。
③表面がなめらかになるため、防汚性が大きくなる。また洗濯時には糊とともに表面の汚れが落ちるため洗濯効果をよくし、布地自体の保護剤ともなる。
④布地に厚みを与える。吸湿性、熱伝導性が増加する。
⑤糊付けにより布地がかたくなるため、製品に張り、こしが出て、体に密着するのを防ぐので着心地がよくなり、通気性もよくなる。
などがある。

表10　主な糊剤の種類

天然糊		・デンプン糊—小麦粉、片栗粉など ・海藻糊—ふのりなど（アルギン酸ナトリウム）
化学糊	半合成糊	・CMC（カルボキシメチルセルロース）
	合成糊	・PVAc（ポリ酢酸ビニル） ・PVA（ポリビニルアルコール） ・耐熱性ポリマー

2) 帯電防止、柔軟処理
陽イオン活性剤を用いて製品に静電気の発生と帯電を防止させ繊維製品の体へのまとわりつきを防いだりする。特に化合成繊維の静電気を防いだり、また、静電気の発生による汚れの吸着を予防することもできる。

柔軟処理は帯電防止とともにかたくなったタオルなどの製品に応用すると肌ざわりがよく、ソフトな感じになる。

3）アイロン仕上げ

洗濯後のアイロン仕上げは、繊維の熱可塑性を応用するもので、繊維の種類により、その効果に多少の差がある。

効果的にアイロン仕上げをするには、適当な圧力と熱、水分が必要である。また、生地の表面の風合い、特殊な加工、あるいは製品としての表、中、裏、付属品を損傷させないよう、また全体のバランスをこわさないように注意してアイロンを使用したい。電気アイロンには乾熱アイロン、蒸気（スチーム）アイロン、温度調節つきアイロンがあり、また大きさ、重さも各種あり、仕上げ効果を上げる道具も、ピンボード、当て布など上手に使い分けたいものである。

①圧力

繊維の種類、組織、表面形状による違い、布地の厚さなどにより、圧力条件は異なる。アイロンの種類、使用方法などにより、圧力の違いが出てくるが、過剰な使い方によりアイロンの悪光りや、表面に縫い代のあたりが出ないように注意する。また織物生地と、編み物生地とでは当然圧力のかけ方の違いが出てくる。

編み物製品は浮しアイロン、蒸気アイロンなどを使い、編み目の風合いをこわさないような注意を要する。

②温度

温度が高いほどアイロン効果は大きい。しかし、繊維により耐熱性は異なるため、温度が高すぎると生地を傷め、軟化、溶融、変色などを起こし、布地に損傷を与えることもある。一般に合成繊維は低温で動物繊維がこれに次ぎ、植物繊維は高温でかけることができる。また、糊仕上げの糊の種類によっても耐熱性は違ってくる。布地よりも先に糊が変質、変色をすることがある。適温でも長時間かけると変色するので注意する。製品によっては共布などの当て布をするといい。

③湿潤

適度の湿潤は、温度との相乗作用によりアイロンの効果を上げる。絹製品は、水分を加えると小じわまで伸ばすことができるが、水じみを作りやすいので充分注意する。毛織物は半乾きの時にアイロン仕上げを行なうと効果的である。アセテートなどは湿っていると収縮することがあるのでスチームアイロンは避ける。

写真4　アイロン仕上げの失敗例

①は190℃での左はナイロン、右はポリエステル
②は210℃での左は綿、右は毛。

4）アイロン仕上げの注意事項

組成表示を確認して、適温の低いほうに合わせる。混用率の多いほうに合わせるのではない。いずれの製品もアイロンの取扱い表示がついている場合はその表示記号、付記用語、取扱い注意などをよく読み、アイロン仕上げを行なうことが大切である。

表11　繊維に適したアイロン温度

繊維名	適温（℃）	水滴音	分解点（℃）	軟化点（℃）	溶融点（℃）
綿・麻	180～200	チッ	綿150・麻200	—	—
毛	120～140	ピチッ	130	（205で焦げる）	（300で炭化）
絹	130～150	〃	235	（275から456で燃焼）	（366で発火）
レーヨン	110～150	パチッ	260～300	—	—
キュプラ	〃	〃	〃	—	—
アセテート	110～130	チュッ	—	200～230	260
トリアセテート	〃	〃		250	300
ナイロン	〃	〃		180	215～220
ポリエステル	110～150	パチッ		238～240	255～260
アクリル	90～110	ジュー		190～240	不明
ビニロン	110～130	チュッ		220～230	不明
ポリウレタン	90～110	ジュー		不明	220～230
ポリプロピレン	〃	〃	—	140～160	165～173

※ 繊維製品にアイロンをかける適正温度は、素材・布地の厚さ・組織・アイロンの重さ・時間の長短・当て布・水分の有無などにより異なる

①ビロード製品

共布の当て布を中表に合わせ、毛足、光沢に注意しながらスチームアイロンをかける。ドライアイロンの場合は、浮しぎみにかける。ビロードをはじめ、別珍、コール天など毛足のあるものには毛足、畝などをつぶさないよう補助する。ピンボードという道具を使うといい。

写真5　ピンボード

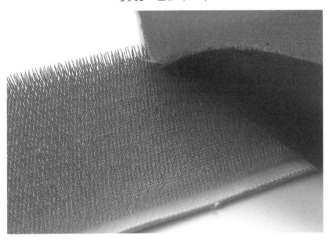

②ふくれ織りの製品

当て布をして、柄の凹凸、風合いなどを消さないようにする。

③フロック加工、しわつけ加工、ラメ糸使い、刺繍、レース、ニット製品

各々の繊維の適温と表面効果、風合いをこわさないように注意する。共布で試してからアイロンを使うといい。

④縮緬、毛製品

スチームアイロンで布地の表面を変化させないよう圧力に注意して、浮かしてかける。

⑤絹製品

裏面からスチームアイロンをかけるが、蒸気で水じみにならないように注意する。絹は比較的薄地が多く、アイロンの熱が伝わりやすいので、アイロンの温度に気をつける。また綿の当て布を使用した場合、当て布に損傷が現われなくても下に置かれた生地が傷んでいる時があるので充分に注意する。

⑥化学繊維製品

化学繊維は、適温以上の温度で分解し焦げるレーヨンや、軟化・溶融するナイロン、ポリエステルなどがある。表11を参考に充分な注意が必要となる。

(7)しみ抜き

しみ抜きは通常の洗濯では除去できない場合などに行なわれる。しみの種類、つき方、繊維などによりしみ抜き方法は異なる。方法を誤ると、しみそのものは除去できても変色、目寄れ、光沢、けばだちが起こり、あるいはしみの跡が残ったり、また周辺の風合いに変化が生じ、着用不可能な製品にしてしまうこともある。

しみ抜きは方法をよく理解してから行なうようにしたい。また無理をせず、高価な製品は専門家にしみ抜きを依頼したほうがいい場合もある。

1)しみ抜き方法の種類
①機械的な力による方法

表面についた泥や粉、糸くずなどをブラシなどでたたき落とす方法。除去する際に、布地表面をけばだてないように注意する。

②溶剤に溶かし出す方法

油性のしみ抜きに用いられる方法である。ベンジン、アルコール、シンナー、アセトンなどが利用される。

③水、温湯、洗剤液に溶かし出す方法

水溶性のしみ抜きに用いられる方法。日常の飲食物のしみなどは、水だけでも除去できるが、油脂分が多少含まれる汚れは、洗剤液を用いるといい。湯を使用するとよく落ちるしみもあるが、かえってしみに含まれているタンパク質を固着させてしまう場合もある。

④化学的処理による方法

洗剤、溶剤だけでは除去できない性質のしみを、化学反応で除去する方法で、酸性、アルカリ性の薬剤で中和する方法や、酵素を用いる分解法、漂白剤を使い脱色、色抜き（しみ抜き後、補正染色する必要がある）する方法などがある。

しみ抜きを実際に行なう場合、準備を完全にしてやらないと薬品などにより事故を起こすこともあるので注意が必要である。

表12　しみ抜き剤の種類

種類	用いられる濃度
洗剤	0.3%せっけん液、0.3%合成洗剤液
溶剤	ベンジン、アルコール、アセトン（アセテートには不適正）
アルカリ性薬品	3.5%アンモニア水、2%硼酸ソーダ
酸性薬品	3%酢酸溶液、3%蓚酸溶液
漂白剤	0.3%さらし粉溶液、1%次亜塩素酸ソーダ溶液、0.5〜1%過酸化水素溶液、0.5%ハイドロサルファイト溶液
酵素剤	ジアスターゼ、ペプシン
その他	ふのり、食パン、飯粒

第6章　繊維製品の取扱い

2) しみ抜きの用具と方法

①しみ抜き用具

ビニール、ガラスなどの下敷き、タオル2〜3枚、しみ抜き棒数本（各々に薬品名を記入しておく）、はけ、歯ブラシ、竹べら、箸数本、小皿、スポイトなど。

②しみ抜きの方法

下敷きを置き、その上にタオルを2〜3枚重ねて置く。これはしみの汚れを吸わせるためである。しみの状態をよく見て、除去は物理的方法から始めて、化学的方法へと進めていく。しみ抜き棒の先でたたくようにして汚れを下のタオルに移動させる。一度で取れない場合は繰り返し行なう。完全に除去できなくても布地を傷める原因になるので決して無理をしない。

また、しみ抜き棒はしみの大きさに合わせて数本用意しておくといい。

③スポッティングマシン（しみ抜き機械）

蒸気、空気、薬品を交互に使い、スチームガンの力でしみ抜き効果を出すものである。ペダルで吸引して水分を直ちに取り除くので、輪じみができにくい。

3) しみ抜きの一般的な注意事項

①つけたらすぐ取る。時間が経過しすぎると酸化し、布に吸着して取りにくくなる。

②しみの大きさはできるだけ小さいままで、拡大しないように除去する。

③布地の素材、繊維、染色性、加工、しみの種類を充分確認する。

④裏地、芯地、ボタンなどがついている部分のしみ抜きは、対象となる布地1枚にして行なう。

⑤用いる薬品が布地にどのように働くか、共布や縫い代などで必ず試す。

⑥表面をこすらずに、裏に当てたタオルに吸い取らせるようにたたき取る。

⑦しみ抜きした薬品は充分にすすぎ出す。残留すると黄変したり、地質を弱めたりする。

⑧2種類以上の薬品を使用する場合は、次の薬品に移る前に充分に水すすぎをする。

⑨輪じみを作らないように、ぼかし作業を上手にする。

⑩しみ抜き後、急にアイロンをかけず、てのひらにはさみ、体温で少しずつ乾燥させる。少々急ぐ場合は、低温、冷風のドライヤーを応用してもいい。

⑪和服の染色はデリケートなので、専門家に任せたほうがいい。

⑫原因不明のしみは、形、色、匂い、ついている部位などを考えて、何のしみか見当をつけた後、まず物理的にはけ、ブラシなどで除き、それで取れない場合は、洗剤、溶剤と進めてみるが、なるべく専門家に任せたほうがいい。

写真6　しみ抜き用具

図7　スポッティングマシン

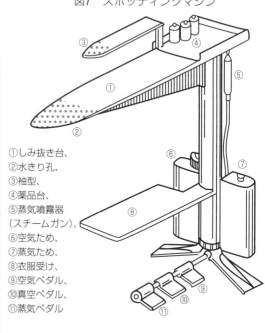

①しみ抜き台、
②水きり孔、
③袖型、
④薬品台、
⑤蒸気噴霧器（スチームガン）、
⑥空気ため、
⑦蒸気ため、
⑧衣服受け、
⑨空気ペダル、
⑩真空ペダル、
⑪蒸気ペダル

図8　しみ抜き棒の作り方

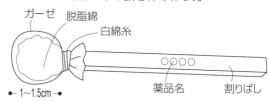

表13 しみの種類としみ抜き方法例

	種類	方法	備考
食物のしみ	しょうゆ、茶、コーヒー	水→洗剤→すすぎ→漂白剤→すすぎ	ソース、カレー粉なども同じ
	酒、ビール	温湯→酢酸、アンモニア水→すすぎ	
	果汁	アンモニア水→洗剤→すすぎ→漂白剤→すすぎ	
	牛乳	ベンジン→洗剤→すすぎ→漂白剤→すすぎ	
	チューインガム	削り取る→ベンジン、アセトン→すすぎ	
分泌物のしみ	衿あか	ベンジン→洗剤→すすぎ	
	血液	せっけん液→すすぎ→漂白剤→すすぎ	熱湯はタンパク質を固めるので注意する
	汗、尿	温湯→温シュウ酸液→すすぎ→漂白剤→すすぎ	
化粧品のしみ	口紅	ベンジン、アルコール、シンナー→温せっけん液→すすぎ→漂白剤→すすぎ	表面に軽くついた紅は消しゴムでこすって落とす
	ファンデーション	中性洗剤→すすぎ→漂白剤→すすぎ	
	香水	アルコール→アンモニア水、温せっけん液→すすぎ	
色素のしみ	青インク	水→洗剤→すすぎ→漂白剤→すすぎ→温シュウ酸液→すすぎ	
	印刷インクコールタール	ベンジン、アセトン→せっけん液→すすぎ	
	マジック	アセトン、除光液→温せっけん液→すすぎ	
	クレヨンボールペン	シンナー→せっけん液→すすぎ	
油のしみ	バターラード	ベンジン→せっけん液→漂白剤→すすぎ	
	機械油靴ずみ	ベンジン、アセトン→せっけん液→すすぎ	
その他のしみ	かび	陰干し→ブラッシング	とれない時は、せっけんかアンモニア水
	泥はね	乾燥→ブラッシング	
	鉄さび	シュウ酸液→すすぎ→漂白剤→すすぎ	

2. 保管

わが国は、梅雨、蒸し暑い夏、秋の長雨など四季の変化に富み、長期にわたる保管にはふさわしくない条件下にある。さらに生活様式が和洋折衷の二重になっているため、和服、洋服を併用し、礼服から日常着、レジャーウェア、スポーツウェアなど、また、日常的な綿、麻、ポリエステル製品から、皮革、毛皮まで服種、素材、加工の種類も多い。しかし、保管場所はそれほど広いスペースがとれなく、家庭の保管から業者による保管までと、保管方法も多種多様になってきた。保管条件、方法、保管容器、虫害、かびの対策などに注意を払い、繊維製品の損傷を防ぎ、必要な時にすぐ着用できるように、しわ、形くずれの起きない保管をしたいものである。繊維製品を保管する際には、繊維、加工、服種、シルエット、付属品などにより異り、注意する点は、**温度、湿度、清潔さ**（汚れが付着していないこと）があげられる。

表14 保管のポイント

条件	方法
清潔	洗濯 しみ抜き ドライクリーニング
乾燥	洗濯 しみ抜き ドライクリーニング
整形	折りじわ防止 アイロン 重ねない
防虫	防虫剤 殺虫剤 防虫加工
低温	冷蔵 収納容器

(1)温度の影響

繊維製品は、素材の風合いを損なわない温度、虫害や、かびの損傷にあわない環境に置くのが理想的であるが、通常、家庭で保管する場合、わが国の夏期における高温多湿という気候により、年間を通じて理想的な条件で温度管理することはたいへん困難である。保管中、あるいはクリーニング業者から受け取る時、ポリエチレンや塩化ビニルの袋に収められていると、環境温度の上昇に伴い、繊維間に含まれている水分、あるいはドライクリーニング後の残留溶剤が蒸発、揮発しようとする。しかし通気性のない袋の場合、発散できず、中で蒸れたり、あるいは溶剤のに臭いが残るおそれもある。

また、温度上昇に伴い、繊維害虫の被害も受けやすくなるので、防虫剤、忌避剤を活用するといい。なお、保管業者では年間を通じて保管室の温度を8〜10℃に保ち、また火災、盗難にもあわないように設備を整えている。

(2)湿度の影響

繊維製品は着用中、体の新陳代謝によって水分や汗を吸収、さらに大気中の湿気も吸収する。吸湿した繊維製品は、衛生上悪いばかりでなく、収縮、しわ、変色、変質などを起こしやすくなる。また繊維が劣化したり、かびが生じて著しく損傷することがある。絹は特に湿度の影響を受けやすく、白物は湿度60％の場所に3か月以上置くと黄変してくる。保管業者では湿度を50〜55％になるように管理している。最近は除湿機、あるいは各種の乾燥剤、除湿剤が市販されているので利用するといい。

防湿乾燥剤

最近はシート状、粒状、粉状のものなど各種市販されている。シリカゲル、塩化カルシウム、石灰などがある。よく用いられるシリカゲルはケイ酸コロイド溶液を凝固させて作ったもので、その重量の40％の水分を吸収する。本来は白い粒であるが、塩化コバルトを含んだ青いシリカゲルは、吸湿するとピンクに変色する。しかし加熱処理すると再び青くなり、使用が可能となる。

(3)清潔さ

温度、湿度の管理をしても目に見えない微細な汚れが付着していたりすると、虫に食われやすくなり、さらにはかびの発生原因ともなる。一度でも着用した衣服は、洗濯して清潔にして保管するようにしたい。

最近は室内に花、観葉植物などを置くことも多くなってきている。これらについた虫、卵が衣服に移り食害されることもある。

(4)虫害

主に毛や毛皮を食害する繊維害虫には、イガ、コイガ、ヒメマルカツオブシムシ、ヒメカツオブシムシなどがいる。繊維製品の虫害としては、動物繊維が食害を受けやすく、化学繊維は虫の害を受けないといわれているが、しみ、汚れ、食物の食べかすなどがついていると、食害を受けることもある。わが国でいちばん多く発生するのは、イガとヒメマルカツオブシムシである。幼虫は4℃以上になると食害能力があるので、冬期でも暖房したところなどでは注意する必要がある。害虫の被害を受けないように、各種の防虫剤が研究、開発されている。従来から用いられている揮発性忌避剤による防虫と、繊維への防虫加工によるものとがある。

防虫剤の種類と使用方法 (92ページ表17)

①樟脳、ナフタリン、パラジクロルベンゾールなどは、殺虫効果は小さいが、臭気によって害虫を近づけない。密閉容器を用いないと、防虫剤から発する昇華ガス濃度が低下して効力は落ちる。パラジクロルベンゾールは昇華性が大きい。

②防虫剤を2種類以上混用すると、ガスが溶融して水

図9　温・湿度条件と食害量の関係

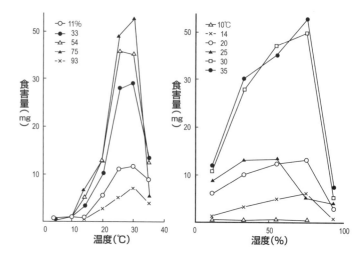

写真7　ヒメカツオブシムシ

分が発生し、衣類にしみをつけることがあるので注意する。混用できる防虫剤には、ピレスロイド系の防虫剤がある。

③昇華速度により、速効性のものと持久力のあるものとに分けられる。

④ガス化した防虫剤は空気より重いため、容器の下層部分にたまる。このため、防虫効果を高めるには引出しの中ではたたんで入れた繊維製品の上に、洋服だんす類ではハンガーの上部などに置くといい。

⑤容器の大きさ、密閉性により、ガスの充満量が異なるので、6か月くらい経過したら、防虫剤の残量を確かめ、必要であれば追加補充しておく。この場合同種の防虫剤を補充したほうがいい。

防虫剤は、種類により、プラスチックを溶かすものもあるので、付属品のボタンやバックルなどに注意する。最近は、中の見える透明なプラスチック製の衣装ケースや、シューズケース、帽子入れなども市販されているので、材質をよく確かめてから防虫剤を選び、使用するといい。防虫剤は種類により、特有の匂いがある。この匂いで使用した防虫剤をかぎ分ける利点もあるが、匂いが嫌われることもある。最近では防虫剤にいい香りをつけたものや、無臭性のものなどが市販されている。また動植物の生存に不可欠な酸素は、繊維製品を保管するためには不必要なものである。繊維製品は酸化作用により、変色、劣化、かびの繁殖による変色、劣化などを起こす。これらの悪影響を防ぐために、容器内の酸素を吸収して、酸欠状態にし、被害を防ぐ、脱酸素剤もある。この脱酸素剤は通気性のない容器を使用しないと効果がなく無意味となる。

表15 防虫剤のプラスチックに対する影響

防虫剤 種類	樟脳	パラジクロロールベンゾール	ナフタリン	ピレスロイド系
ポリプロピレン	○	○	○	○
スチロール樹脂	○	表面がざらざらして角が膨れる	表面が曇る	○
ABS樹脂	○	○	○	○
メタクリル樹脂	○	くもの巣状のひび割れ	くもの巣状のひび割れ	○
ポリエステル樹脂	○	表面が曇る	表面が曇る	○

○＝変化なし

表16 主な繊維害虫

	ヒメカツオブシムシ	ヒメマルカツオブシムシ	イガ	コイガ
年間発生世代数	1世代	1世代	3世代（25℃ 6世代）	4世代（25℃ 8世代）
産卵時期	4～6月	4～6月	5月、7月、9月頃	4月、6月、7月、9月頃
卵期間	10～18日	23～29日	（25℃ 5日）	（25℃ 5日）
幼虫期間	300日	300日	（25℃ 42日）	（25℃ 32日）
さなぎ期間	15日	20日	8日	9日
成虫期間	20～26日	30～45日	（25℃ 5日）	（25℃ 5日）
越冬	幼虫	幼虫	幼虫	幼虫
成虫、幼虫の形態 （成虫） （幼虫）	楕円、黒、5mmぐらい 細長三角形後方毛束、赤褐色、7～10mm	短楕円、淡褐色白斑、4mmぐらい 短楕円、毛で覆われ、後方ブラシ状毛束、淡褐色、4mmぐらい	灰褐色、5mmぐらい イモムシ状、頭部黒褐色、体白、6mmぐらい	金茶色、5mmぐらい イガに似ている
幼虫の習性	暗所を好む	巣を作る 暗所を好む	筒形の巣を作り、背負って移動 暗所を好む	薄く吐糸した平巣を作る 暗所を好む
成虫の習性	暗所を好み、産卵 産卵後、成虫は明所を好み、屋外へ		暗所を好み、産卵 産卵後、成虫は明所を好む	

第6章 繊維製品の取扱い

表17 防虫剤の種類と特徴、真空パック保管について

	種類	性質	適しているもの／使用場所等	避けたほうがいいもの
防虫剤 有臭（昇華性防虫剤）	パラジクロロベンゾール（比重約1.3）	・昇華（ガス化）が早く、防虫効果も高い ・速効性があるが、その分効果も早くなくなる ・刺激臭がある ・忌避剤として用いられるが、殺虫効果もある ・他の防虫剤と併用不可	・繊維製品全般 ・毛皮、皮革製品 ／出し入れの多い洋服ダンス、クローゼット等	・塩化ビニル樹脂やその加工製品（合成皮革等） ・ポリエチレン、ポリプロピレン以外のプラスチックフィルムを使った金糸、銀糸やラメ製品 ・スチロール樹脂製品（装飾ボタン、ビーズ類、帯どめ等） ・人形（ひな人形等）
	ナフタリン（比重約1.2）	・昇華（ガス化）が遅く、ゆっくりと効果を持続する ・忌避剤として用いられる ・刺激臭がある ・他の防虫剤と併用不可	・繊維製品全般 ・毛皮、皮革製品 ・人形（ひな人形等） ／長期保管するもの、密閉性のある収納ケース等	・塩化ビニル樹脂、スチロール樹脂、アクリル樹脂、またそれらを加工した製品
	樟脳（比重約1.0）	・くすの木を水蒸気蒸留し、結晶化させたもの ・古くから使用されている防虫剤 ・忌避剤として用いられる ・天然由来の芳香を持つ ・他の防虫剤と併用不可	・繊維製品全般 ・毛皮、皮革製品 ・人形（ひな人形等） ・骨董品、剥製、昆虫標本 ／長期保管するもの、密閉性のある収納ケース等	・金糸、銀糸や金箔に防虫剤が直接触れるのを避ける
無臭（蒸散性防虫剤）	ピレスロイド系合成剤	・低濃度で防虫効果あり ・無臭である ・他の防虫剤と併用可	・繊維製品全般 ・毛皮、皮革製品 ・金糸、銀糸、ラメ加工製品 ／出し入れの多い洋服ダンス、クローゼット等に使用	・銅を含む金属製品（真鍮などのボタン）
真空パック保管	脱酸素剤 不活性ガス（窒素ガス）	真空パック保管 ・ガスバリア性の高い特殊フィルムに保管物と脱酸素剤を入れ、特殊装置にて酸素を抜き、窒素ガス等に入れ替え密閉する	・繊維製品全般（特に羊毛、獣毛、着物、ドレス、毛皮製品等の高級品） ・品質保持やかび、害虫、形くずれの防止	

(5) かびの害

かびは原生植物の一種で、単細胞または糸状の細胞体でできている菌類の総称である。飲食物、衣類、器具などの栄養分のあるところに寄生して生きる。温度、水分、栄養素など環境の適したところがあると、いつでも繁殖する。

かびの発生条件

- 温度15〜35℃
- 湿度75％以上
- pH 4〜7.5（弱酸性を好む）

栄養分、植物、動物の繊維類、しみ、汚れ、タンパク質、でんぷん、糖類を好む。皮革、毛皮、羽毛などはタンパク質で、それ自体も栄養源となるのでかびが生じやすい。

かびが発生した時の処理

- 乾燥して枯死させ、ブラシで払うか、布でふき取る。
- できるだけ早く見つけるように点検し、発見したらしみ抜きをする。かびには色のあるものがあり、その色がついてしまうと、しみ抜きも難しくなる。
- 洗濯して、充分熱処理する。

かびの発生防止

- 熱処理をする（60℃で30分間、80℃では10分間熱処理すると完全に死滅する）。
- 乾燥させる。乾燥と殺菌を兼ねた日光消毒または、アイロンをかける。湿気のある場所を避ける。通気性のいいところに置く。
- 低温保管する。
- 乾燥剤を利用する。
- 押入れの下段にはすのこを敷き、風通しをよくする。
- 安全性に配慮し、抗菌、防かび加工をする。

写真8 繊維に発生したかび

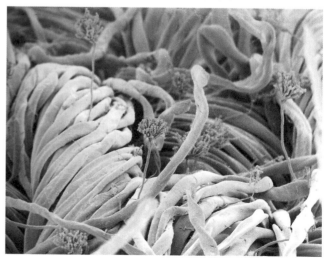

(6)保管方法と種類

1) 家庭保管

　家庭での保管は各々の家族構成、保管の場所、面積、繊維製品の保持数などにより、それぞれ工夫して、市販されている防虫剤、乾燥剤、除湿剤、防かび剤などを有効に使用して常に美しく着用できるように整えたいものである。

2) トランクルーム

　銀行、物流業者、レンタル業者などが行なっている倉庫業である。各企業によって方法は異なるのであろうが、保管する前に燻蒸する。特に防虫剤は、使用していないところもある。温度8～17℃、湿度50～55％くらいに保って、虫やかびの発生を防いでいる。また火災、盗難、そのほかの災害からも守るための環境、設備を整えている。

3) 洗濯業者による保管

　洗濯を済ませた衣料をそのまま来シーズンまで預かる場合と、季節外品、礼服などを温度、湿度が調節された保管庫に収め、虫害、盗難、火災から守る場合がある。トランクルームと洗濯業者のいずれの場合も保管料金は依頼された製品の見積り額の10％くらい、あるいは限られたスペースにつき、または大きな箱、部屋につき料金が決められていたりする。最近は長期の保管、災害時用の準備などに真空パックにして容積を少なくし、大量に保管できる方法や製品の形をくずさない程度に空気を抜き、窒素を充填させ、虫、かびを防ぐ方法なども行なわれている。

(7)繊維製品の廃棄、処分、環境保全

　繊維製品は最終的に不用となった場合処分される。原料から糸、布、製品に至るまでの製造工程中に出る繊維や糸のくず、端切れも処分の対象となる。これらを捨てれば大量の廃棄物となるが、過去から現在まで適切な分別、回収を行ない資源として再使用・再利用されている。

　循環型社会を目指した環境省の3R活動（リデュース、リユース、リサイクル）は製品・分野を問わず推奨されており、繊維製品でもリデュース（廃棄物の発生抑制）、リユース（再使用）、リサイクル（再資源化）の順に取り組まれている。

　企業は製品を生産するだけではなく、リサイクル化が容易な製品の開発、廃棄後のリサイクルシステム（回収・再生）及び再生品の用途開発などを積極的に行ない、循環型、持続可能型社会に向けた取組みを継続的に行なわなければならない。

第7章
アパレルの保証とクレーム

染色堅牢度試験　摩擦試験機

1. 商品の保証

保証とは商品が一定の条件を満たしていることを証明するもので、具体的には、品質やサービスなどについての保証が与えられている。しかし商品に対する満足度を完全とすることは限界があるので、期限を決めて保証されている。また実際にクレームが生じた場合の保証方法には

①商品の交換をする。
②購入代金を返金する。
③商品を無料で修理する。

などの方法があり、消費者には速やかに対処することが大切である。

保証の性格と範囲

保 証 書……保証責任者の名称、住所、電話番号、
　　　　　　　保証期間
保証範囲……無料－有料、全部－一部
保証方法……修理、交換、払い戻し
保証適用除外

などがある。

2. クレーム

クレーム（claim）とは、製品やサービスに対してなんらかの問題点や不満が発生し、それをメーカーや販売業者に指摘し苦情として訴え、消費者が製造者側に損害の補償を要求する行為である。アパレルに関していえば、着用または取扱いの過程で、その商品の耐久性、機能性などの消費性能について不満を持ち満足できなかった場合に起こることが多い。社内では気づくことのできない自社の製品やサービスの潜在的な欠陥によって消費者に不都合が生じている場合、クレームがなければメーカー側には原因が分からないままに消費者離れが進むおそれもあることから、社内に消費者からの苦情を受ける部門と担当部署との意思疎通を積極的に図ることによって、早期に製品やサービスの改善に対処するためのシステムを積極的に導入するメーカーや販売業者もある。

また、発生した苦情に対しては原因究明を行ない、素材や現象別に種々の統計資料をまとめ社内で苦情情報を共有し再発防止に努めなければならない。

（1）クレーム対策

アパレルは年齢、性別、季節や着用シーンなどの目的によりさまざまな素材やアイテムがあることに加え、消費者の要求が高度化し、多品種少量、差別化、各種加工品などによる付加価値も増え、品質管理も複雑化している。消費者は繊維製品の専門知識があるわけではないので製品に対する正しい取扱いや品質情報の不足で起こる場合もある。そのため、メーカーや販売業者は製品の性能や品質を把握し適切な情報を品質表示とともに表示し、より詳しい情報を提供することが重要である。

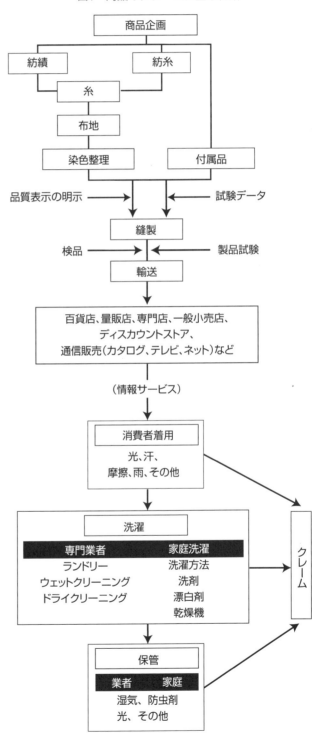

図1　商品のクレームに至る経路

1) 義務表示と消費者の権利

家庭用品品質表示法の繊維製品表示規程により、繊維組成（％）、家庭洗濯等取扱い方法（取扱い表示）、はっ水性、表示者名及び連絡先（住所または電話番号）の4項目を表示するように義務づけられている。

消費者の権利として「消費者基本法」には
- 安全である権利
- 知らされる権利
- 選択できる権利
- 意見を反映させる権利
- 消費者教育を受ける権利
- 生活の基本的ニーズが保障される権利
- 救済を求める権利
- 健康な環境を求める権利

があると明記されている。これらの権利に基づき信頼に足る商品の保証が必要である。繊維製品のクレームは、種類、数共に多く、企業は再発を防がなくてはならない。

2) 情報伝達ラベル（任意表示）

商品が持つ特性や取扱い注意事項、デメリット等について情報提供する必要がある場合、情報伝達ラベルをつける。

消費者が見て充分理解できるように、分かりやすい端的な表現方法が望ましく、見やすい箇所に下げ札などで記載する。ラベルの具体例は101～104ページを参照。

(2) クレームの受付け対応

クレームが生じてからの対応には、まず、その受付けと究明、解析があげられる。特に受付け窓口の対応は消費者に直結した窓口なので、慎重に対処する必要がある。その対応いかんにより、消費者がその企業に対して抱くイメージの良否にもつながる。消費者はクレームが生じたら、窓口にその状況をよく説明する。

窓口となる場所は、製造メーカー、輸入業者、購入した販売店、販売業者、百貨店等のお客様相談窓口やクリーニング店、あるいは国民生活センターや各地の消費生活センターなどを利用するといい。

クレームの申し出の一例

① クレームの申し出者氏名、購入方法、状況
② 品質などの表示内容　商品名、組成表示、取扱い表示、そのほかの表示、タグに書かれている注意事項、先染め、後染め、表面加工、商品の特性、原産国など
③ 使用状況　新品、購入直後、着用中、保管中、着用日数、着用方法、着用場所、洗濯方法、洗剤、漂白剤、乾燥方法、アイロン仕上げ、防虫剤、乾燥剤など
④ 発生部位
　全体的……表地、裏地、中側、中わた
　部分的……箇所、形状、大きさ、方向
　副素材……芯地、縫い糸、ボタン、ファスナー、レース

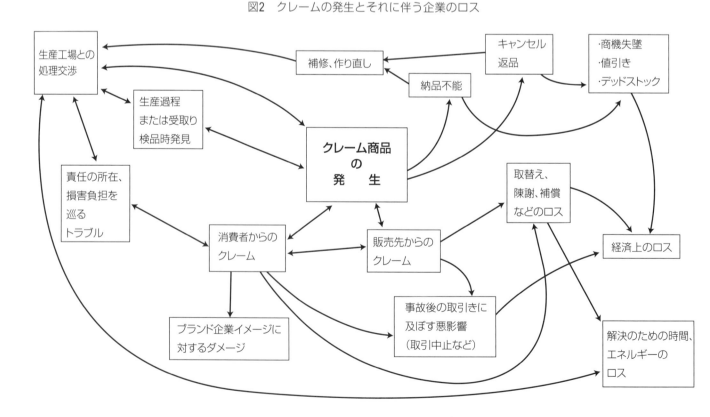

図2　クレームの発生とそれに伴う企業のロス

⑤クレームの種類
　外観、風合いの変化……けばだち、寸法変化、毛が抜ける、悪光り、形くずれ
　色の変化……変退色、汚染、黄変、脱色、色泣き
　しみ……色の濃淡、光沢むらなど

(3)クレームの発生原因の究明、解析

　素材の物性など理化学的実験をJISの試験方法に従い、原材料－染色加工－縫製加工など、生産、流通過程順にクレームの再現テストを行なう。テーブルテスト（簡易的なテスト）には使用状況、クレームの原因要素を加える。再現テストにはロット違いも含まれるので、抜取り検査も兼ねて行なう。しかしクレームの再現テストをしても、企業から提出されるテスト結果の中には、通常の取扱いをするかぎり、特に問題はないと付記されることもあるので注意する。また、クレームの発生原因は、消費者各自の生活要因に基づくことや誤使用によることもあるので、聞取りの調査も重要である。

　クレームはアパレルの企画から消費者の手に渡り、その後の消費者の使用状況、あるいはその間業者に依頼した事柄などにより発生することが考えられる。そこで、1）生産者とクレーム、2）流通業者とクレーム、3）消費者とクレーム、4）クリーニング業者とクレームに分けて検討する。

1）生産者とクレーム

　生産工程中になんらかのミスにより、基準の品質が得られなかった製品の場合、布地の品質基準と縫製の品質基準の両面から対応する。例えば、耐洗濯性の場合、抜取り検査を含め布地で行なう場合と、縫製後の外観検査を含め、取扱い表示に従って対応する場合とがある。仕入れ先の基礎データも参考にするといい。

　生産者側によくある不良要因として、染色堅牢度不良や、縫製不良などがある。染色堅牢度不良では、
　・顔料プリントの熱不足
　・異素材の組合せによる熱管理不良
　・ソーピング不良による色のにじみ、ソーピングと仕上げ加工剤との不適正、蒸気温熱不足
　・染料と被染物の不適正、あるいは染色加工工程のミスなどが原因として考えられる。

図3　生産者側の責任とみられるクレーム要因

繊維素材（組成、性質など）
糸、布地（組成、性質）
染料部属（染色性、堅牢度）
精練、漂白
浸染、捺染（染色条件）
仕上げ加工
縫製（副素材、付属品）

→ 流通、消費段階の作用 → クレームの発生

皮革部分から色泣きしたブルゾン

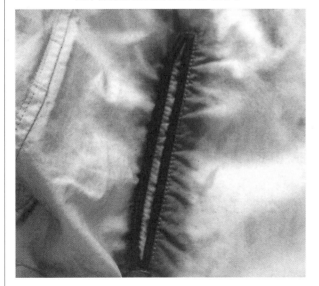

組成：綿100％（衿、ポケット口は皮革）

取扱い表示：
　・アイロンは当て布を使用

苦情の内容：クリーニングしたところポケット口のパイピングに用いられた皮革からその周辺に色泣きした。
原因：ポケット部分に使われている皮革の染料がクリーニングなどで溶出して周辺の生地に移行した。
対策：皮革は、繊維品と比べて染色堅牢度の低いものが多いので、部分使いの際は、水及び溶剤（パークロロエチレンと石油系）に対する色泣き試験を行ない、堅牢度の高い素材を使用すること。また、『ポケットに天然皮革を使用しています。皮革は水にぬれると色泣きや収縮を起こしますので水にぬらしたり、ぬれたまま放置しないでください。』などの注意表示をする。

飾りテープが色泣きしたブラウス

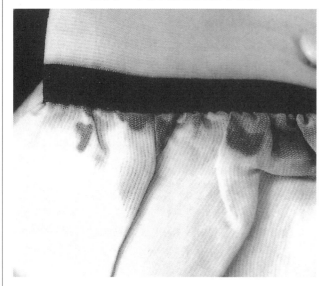

組成：絹50％・麻50％

取扱い表示：
・アイロンは当て布を使用

苦情の内容：手洗いしたところ飾りテープから身頃地へ色泣きした。

原因：手洗い後、湿潤状態で放置したため、濃色の飾りテープの染料が溶出して淡色の身頃地へ移行した。

対策：濃色と淡色の材料を組み合わせる場合は、水及び溶剤（パークロロエチレンと石油系）に対する色泣き試験を行ない、堅牢度の高い素材を使用すること。付属品（ここでは飾りテープ）の濃色のものは必ずこれを確認する。『つけおきしないでください』『ぬれたままで放置せず、すぐ乾してください』などの注意表示を行なう。

丈が伸びたセーター

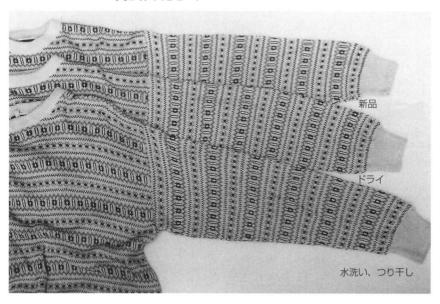

組成：麻55％・綿45％

取扱い表示：
・アイロンは当て布を使用

苦情の内容：家庭洗濯したところ身丈・袖丈が伸びた。

原因：家庭洗濯の後につり干しをしたため、含んでいる水分と自重により伸びた。

対策：取扱い表示に「平干し」を追加する。

表1 縫製不良によるクレーム原因と対策

項　目	現　象	原　因	対　策
縫い目の滑脱（スリップ）	縫い目がスリップしてずれる	密度の粗い布地や、フィラメント糸使用の布地に生じやすい	布地に合った縫い代をとる
シームパッカリング	縫い目にそって小じわが生じる洗濯後に発現することが多い	縫い糸（上糸、下糸）の張力がアンバランス、布地のこしが弱い場合に生じやすい	縫い糸の張力を適性にする
縫い目破れ	着用中に縫い糸が切れたり、縫い目付近の布地が破れる	布地と縫い糸の強さがアンバランスの場合に生じやすい	布地と縫い糸の強さが充分で適性なものを選ぶ。特に力の加わる部分は二重縫いにしたりして補強する
縫い目ほつれ	縫い目が部分的にほつれる	縫い糸が切れる。縫い端からほつれる	縫い糸の強さの適当なものを選ぶ。返し縫いなどで縫どめをする

2) 流通業者とクレーム

製品は包装、各種の表示をして、輸送、倉庫、陳列、小売りなど、いろいろな場所を経るのでクレームも発生することが多い。各種の表示は、製品の内容特性、取扱い、処理方法、注意事項などを消費者に情報提供するものでなくてはならない。また、PL法（製造物責任法）も施行されているので、生産者も流通業者も製造側の立場となり、自己の製造物には責任を持つという姿勢が必要である。また最近は輸出、輸入も多くなり、それにかかわる輸送の問題も生じてきている。包装などは安易に考えられやすいが、温度、湿度、圧力の作用によっては、袋の印刷で衣類を汚染することもある。また、アパレルはハンガーにかけての輸送が多いが、ハンガーの肩の部分による変形、形くずれ、あたりなどの影響が出てくる。あるいはたたまれて段ボールに入れられる場合、段ボールの材質によっては特に白い衣類を黄変させる場合があるので注意を要する。

流通業者側によくある事故としては、温度管理がない倉庫での保管期間が長いと環境変化により品質を落とし、製品の価値を下げてしまったり、小売店などで陳列中に、日光、蛍光灯、環境ガスなどで変退色したり、前述のように段ボール、カートンなどが白物を黄変、汚染させたりすることがある。たたみ方、圧力、積重ね方にも注意を払い、早めにケースより出して形くずれの予防にも気をつけることが必要である。

図4 流通業者側の責任とみられるクレーム要因

3) 消費者とクレーム

消費者によるクレーム要因としては、生活習慣の違いや、誤使用などもあり、非常にその種類は多い。アパレルの材料には本来の弱点があり、その性質を知らないと結果的に乱暴な取扱いとなり、事故品となってしまうおそれがある。高い金額を払った商品だから丈夫で長持ちするということにはならず、かえって取扱いに注意を要するデリケートなものであることがある。また、表示に書かれている注意事項、警告文の読み忘れのないようにしたい。

図5 消費者側の責任とみられるクレーム要因

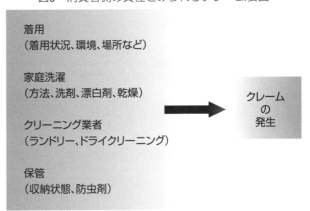

大きな要因あるいは注意事項としては、次のようなことがあげられる。

衣服には着用時に体内から発汗があり、さらに環境変化、光、風雨、摩擦など、またそれらの複合の作用を受け、種々の変化が生じる。外観の変化としては、色落ち、光沢、風合いの変化などが見られる。また、化粧品、パーマ液などもかなりの刺激剤となるので注意を要する。取扱いに関しては洗濯技術の未熟、洗剤、漂白剤の誤使用、乾燥機の熱管理不注意、アイロン温度の不適正や、圧力の加減などによる焦げや溶融などがある。保管に関しては重ねすぎて圧力が加わり、しわ、移染を生じたり、2種類以上の防虫剤を用

いたためしみをつけることなどがある。また、防虫剤、乾燥剤等を使用しても、使い方が適していないと食害、かびの発生、湿気による収縮、移染、変色が生じる。また付属品のボタン、ベルトなどが変形したり、その素材が溶け、他の部分に付着することもある。

4）クリーニング業者とクレーム

　家庭洗濯（水洗い）できない製品は、ドライクリーニング、あるいはそのほかの特殊クリーニングを業者に依頼することとなる。クリーニング業者はその責務において当然専門知識と技術、設備を整えているわけであるが、家庭洗濯と異なることは、汚れの程度の違う大量のものを特殊な薬品、溶剤を使い、機械化された中で洗うということである。消費者はクリーニング業者に渡す際に注意する事項を説明し、また返却された場合はなるべく早く袋から出し、洗い上がった服の点検をする。クリーニング事故が起きた場合にはクリーニング業者は誠意と責任を持って解決にあたらなければならない。クレームの原因がどうしても分からない場合は、あらかじめ消費者の了解を得てから、試験機関などへ事故原因解明の依頼をするのも一つの方法である。最近のアパレルは多品種、少量生産、差別化商品作り、特殊な加工、海外の製造等複雑になってきているので、一つ一つの製品に対応できるきめ細かなクリーニング方法が必要となってきた。業者のクリーニングにより事故にあった場合、業界で決めたクリーニング賠償基準に準ずるのが望ましい。（表2、3）

　クリーニング業界では標準約款、営業目的の明確化、預り証の発行、損害賠償保険への加入、事故処理機関の設置などの対応が進められている。

表2　物品購入時からの経過月数に対応する補償割合

年平均使用数	1	2	3	4	5	10	15	補償割合		
								A級	B級	C級
購入時からの経過月数	1ヶ月未満	2ヶ月未満	3ヶ月未満	4ヶ月未満	5ヶ月未満	10ヶ月未満	15ヶ月未満	100%	100%	100%
	1～2〃	2～4〃	3～6〃	4～8〃	5～10〃	10～20〃	15～30〃	94	90	86
	2～3〃	4～6〃	6～9〃	8～12〃	10～15〃	20～30〃	30～45〃	88	81	74
	3～4〃	6～8〃	9～12〃	12～16〃	15～20〃	30～40〃	45～60〃	82	72	63
	4～5〃	8～10〃	12～15〃	16～20〃	20～25〃	40～50〃	60～75〃	77	65	55
	5～6〃	10～12〃	15～18〃	20～24〃	25～30〃	50～60〃	75～90〃	72	58	47
	6～7〃	12～14〃	18～21〃	24～28〃	30～35〃	60～70〃	90～105〃	68	52	40
	7～8〃	14～16〃	21～24〃	28～32〃	35～40〃	70～80〃	105～120〃	63	47	35
	8～9〃	16～18〃	24～27〃	32～36〃	40～45〃	80～90〃	120～135〃	59	42	30
	9～10〃	18～20〃	27～30〃	36～40〃	45～50〃	90～100〃	135～150〃	56	38	26
	10～11〃	20～22〃	30～33〃	40～44〃	50～55〃	100～110〃	150～165〃	52	34	22
	11～12〃	22～24〃	33～36〃	44～48〃	55～60〃	110～120〃	165～180〃	49	30	19
	12～18〃	24～36〃	36～54〃	48～72〃	60～90〃	120～180〃	180～270〃	46	27	16
	18～24〃	36～48〃	54～72〃	72～96〃	90～120〃	180～240〃	270～360〃	31	14	7
	24ヶ月以上	48ヶ月以上	72ヶ月以上	96ヶ月以上	120ヶ月以上	240ヶ月以上	360ヶ月以上	21	7	3

備考　補償割合の中におけるA級、B級、C級の区分は、物品の使用状況によるものであり、次のように適用する
　A級：購入時からの経過期間に比して、すぐれた状態にあるもの
　B級：購入時からの経過期間に相応して常識的に使用されていると認められるもの
　C級：購入時からの経過期間に比して、B級より見劣りするもの
　（例）①ワイシャツの場合、えり、袖等の摩耗状態で評価する。
　　　　②補修の跡のあるもの、恒久的変色のあるもの等は通常C級にする。
出典：クリーニング事故賠償基準　平成27年10月改訂版

平均使用年数については、アイテム、用途、素材を考慮し、表3（商品別平均使用年数）により定められている。

表3　商品別平均使用年数

分類	品目	用途／素材	使用年数	分類	品目	用途／素材	使用年数
加工品	特殊加工品	ウレタンフォーム張り製品、ボンディング加工品	2	繊維製品	ワイシャツ（カッターシャツ）	絹・毛 その他	3 2
		コーティング品（透湿性防水加工布、オイルクロス等）	2		セーター類（カーディガン等）	獣毛高混率 その他	2 3
		ゴムコーティング品、ゴムコーティング製品、ゴム裏はり製品等	3		スラックス類	夏物 合冬物	2 4
		エンボス加工品、顔料プリント加工品、フロック加工品：加工部分のみに適用	2		スカート	夏物 合冬物	2 3
繊維製品	洋装品	背広 スーツ ワンピース類	夏物（絹・毛） 夏物（その他） 合冬物	3 2 4	制服	事務服 学生服	2 3
		獣毛高混率 その他	3 4	礼服	モーニング、燕尾服等 略礼服	10 5

出典：全国クリーニング生活衛生同業組合連合会
　　　クリーニング事故賠償基準より一部抜粋

情報伝達ラベルの一例

麻製品
取り扱い上のご注意
1．濃い色のものは水にぬれたり、強くこすると色が落ちたり、他の衣服などに色が移ることがあります。
2．また強くこすると内部の繊維が出て白く毛羽だってしまうことがあります。
3．白いものと一緒に洗濯しないでください。（洗濯前に表示記号の確認をしてください。）
4．アイロンはスチーム・アイロンを使用し表面がテカテカしないよう当て布を使用してください。

絹製品
取り扱い上のご注意
1．絹織物は水分に敏感で吸湿すると収縮を起しますのでスチーム・アイロンの使用をおさけください。また、雨の日の外出は特にご注意ください。
2．汗は絹を変質させて弱くなり、美しい色彩を変え、あとにシミを残します。このシミはドライクリーニングでもとれません。
3．耐光堅ろう度が弱く直射日光に当ると退色することがあります。
4．摩擦を受けますと繊維が分割され毛羽が立ちますのでご注意ください。

カシミヤ製品
取り扱い上のご注意
　カシミヤは特有の光沢とソフトな風合い、独特なぬめり感を持ったデリケートな製品です。取扱いには次の点にご注意ください。
1．コシが弱く、型崩れしやすい物です。また強くこすったりすると毛が抜け、毛玉も生じやすくなります。
2．シワが付きやすいので雨などに濡らさないように注意してください。
3．洗たくにはドライクリーニングを利用し、タンブラー乾燥はさけてください。
4．虫害を受けやすい製品ですので防虫剤を使用してください。

アンゴラ製品
取り扱い上のご注意
　アンゴラ（兎毛）製品は美しい毛羽立ちや独特の豊かな風合をもつぜいたくな製品ですが毛が抜けたりするデリケートな素材です。
　取扱いには次の点にご注意ください。
・着用中スポーツをしたり汗をかくと毛玉の発生や風合変化の原因となるのでお避けください。
・静電気が起ると毛抜けがひどくなります。
・抜け毛が他のものにつくと目立つので柔かいブラシで軽くブラッシングして抜けている毛は取ってください。
・他のものについた毛は粘着テープで取ってください。
・虫害を受けやすいので防虫剤を使用し、湿気の少ないところで保管してください。

レーヨン製品
取り扱い上のご注意

レーヨンは吸湿性、ドレープ性、染色があざやかであるという反面、次のような特性を持っております。
1. シワになりやすく、水に濡れますと縮んだり、強さが低下して縫い目からほつれを起こすことがあります。
2. シワになりましたら乾熱アイロンでお手入れください。（スチーム禁止）
3. 部分的な水の濡れ、汗、水溶性の汚れ等が付着しますと「あと」が残りクリーニングに出してもとれない場合があります。
4. 強い摩擦を受けますと毛玉が生じます。

ストレッチ製品（ポリウレタン糸使用）
取り扱い上のご注意
1. ポリウレタン繊維は素材の特性上、熱によって縮みやすいため、スチームアイロンやタンブル乾燥はお避けください。
2. 年月の経過と共に劣化し、ポリウレタン糸が飛び出したり、伸縮性が失われることがあります。

ピーチスキン
取り扱い上のご注意
1. 素材の特性上、耐光堅ろう度が弱く直射日光にあたると退色することがあります。
2. 必ずドライクリーニングしてください。水洗いは風合い、光沢の変化、縮みの原因になるのでおさけください。
3. 濃色品は着用・クリーニングの摩擦により毛羽立ち、徐々に白っぽくなります。また汗をかいた状態で着用になりますと、他の物に色移りすることがあります。
4. 雨や汗など水に濡れることにより、光沢がなくなったり、輪ジミになることがあります。

手染め製品
取り扱い上のご注意
1. 着用中の摩擦、汗等により色が移る場合があります。白物との重ね着はお避けください。
2. 洗濯は洗液のにごりが出ますのでかならず単独でお洗いください。
3. すすぎを十分に、脱水後、収縮しますのでひっぱりながら、形を整えて、日陰干しをしてください。

インディゴ染め商品
取り扱い上のご注意

この商品は天然染料（藍染め）の独特な風合いを求めた現代感覚のファッション製品です。製品の次の特質をご承知の上、おしゃれをお楽しみください。
1. 洗えば洗う程（10回位）色が落ちていきます。
2. 洗濯により洗液がにごりますので他のものと一緒にしないで単独でお洗いください。
3. 白いものと重ね着用されますと色移りしますのでご注意ください。
4. ドライクリーニングは避けてください。

顔料使いの製品
取り扱い上のご注意

この商品は顔料樹脂を使用しています。
取り扱い表示を必ず確認し表示どおりの洗濯をしてください。
1. 着用や洗濯などの摩擦により他のものに色が移ることがあります。
2. 洗濯は裏返して、単品洗いをしてください。
3. 顔料部分へのアイロンは避けてください。
4. タンブル乾燥機の使用は避けてください。
5. 有機溶剤により、顔料が溶解し色おちすることがあります。ご注意ください。

ストーンウォッシュ製品
取り扱い上のご注意
1. この製品の特色は「洗えば洗うほど、染料がFADE-OUT（色あせ）する」点で、洗たくの回数が増えるにつれて独特の持味が出てきます。
2. 洗たくの際はどんどん色落ちしますので、他の物とは一緒に洗わないでください。
3. 洗うと多少縮みますのであらかじめご注意ください。
4. 着用の際、下着等に色が付着することがありますが、2～3回洗たくすれば徐々にとれていきます。

生成り、淡色製品
取り扱い上のご注意

この商品の洗たくの際は、蛍光増白剤の入っていない洗剤をご使用ください。蛍光増白剤入りの洗剤をご使用になりますと、蛍光剤が製品に糊、全体的に白っぽくなることがあります。

金属糸（ラメ糸）金属粉プリント製品
取り扱い上のご注意

金属加工品ですので正しい取扱いと保管をしないと化学変化を起し光沢の消失と変化を起こしますので次の事にご注意ください。
1. 直接アイロンを掛ける時は120℃以下にしてください。
2. 汗をかいた時はなるべく早く御手入れください。
3. ポリ袋に入れたまま、あるいは湿気の多い所で保管しないでください。また、防虫剤、ゴム製品、セロファン、紙、毛製品と直接触れない様にしてください。
4. 年に2～3回日陰干しをしてください。

シワ加工
取り扱い上のご注意
1. この商品は生地の光沢をより美しく、そして自然についたシワのように見せるため、特別のシワ加工をしております。
2. このシワは熱や樹脂加工により完全にセットしたものではありませんので、ご着用中に新しいシワが出来たり、またアイロンを掛けますと、シワが消失したり致します。
3. クリーニングに出される時は、クリーニング店にシワ加工であることをお伝えください。

ビーズ・スパンコール刺繍のある製品
取り扱い上のご注意
1．着用の際、引っかかりによる糸の切断に注意してください。
2．洗濯の際、ソフトなネットを使用してください。
3．装飾部分への直接のアイロン掛けやタンブル乾燥機の使用は避けてください。

ポリウレタンコーティング製品
取り扱い上のご注意
この製品は、ポリウレタン樹脂をコーティングした生地を使用しており、独特な光沢と風合いを持っています。お取扱いには次の点にご注意ください。
1．ベルトやバッグなどによる過度な摩擦はお避けください。光沢の消失やコーティングはく離の原因になります。
2．ポリウレタン樹脂は、時間経過による劣化（経時変化）が起こり、コーティングはく離や黄化する恐れがあります。保管方法はできるだけ乾燥状態で、光を避けて保管し、時々風通ししてください。

水着
取り扱い上のご注意
1．すべり台、プールサイドなどでの大きな摩擦は毛羽立ち、すり切れの原因となりますのでご注意ください。
2．日焼け用オイルを使用した場合、念入りに洗ってください。オイルがついたまま保管すると、水着の生地や、ゴム部分のいたみを早める原因となります。
3．乾燥機等の使用は避け、形をととのえ自然乾燥でお願いします。

モール糸使用品
取り扱い上のご注意
モール糸は糸自身が太く、組織も粗くなるため、糸が浮いたり、ものに引っかかったりすることがありますので、次の点にご注意ください。
1．着用時、ベルト、バッグや周囲のものとの摩擦や引っかかりに気をつけてください。
2．クリーニングの際は、クリーニング店へ、モール糸のため、他の商品との引っかかりに注意して頂く様、ご提示ください。
3．万一、糸が浮き出た時は、その部分を中央にして、両手で生地をたて、よこ、斜めに引張り、その糸を徐々に引込めるか、裏側に引張ってください。

ベロア製品
取り扱い上のご注意
この製品は特有な光沢や風合いをもったベロア生地を使用しております。大変デリケートな性質があり、着用中の摩擦により下着などに毛羽が付着することがありますが外観への影響はありません。下着などに付いた毛羽はブラッシングでとれます。

ニット製品
取り扱い上のご注意
1．家庭洗濯をされる時は液温30℃の洗液で、単独で押し洗いをおこない脱水後、形を整えてから日陰干しをしてください。
2・長時間洗液に浸しておいたり、濡れたまま放置しますと色泣きしたり、変色します。
3．洗濯、乾燥後のアイロン仕上は収縮部分を伸ばして形を整えながらセットしてください。

毛皮
取り扱い上のご注意
1．雨や雪でぬれた時は軽くふり、湿気を取って乾いた布かタオルで軽くふき、陰干しで自然に乾かしてください。
2．チリやホコリはブラシで落とし、細い棒で毛を傷めないよう軽くたたいてください。
3．防虫剤は毛皮に直接触れないようにし、併用はさけてください。
4．なるべく涼しい湿気の少ない所に保管してください。
5．クリーニングの必要な場合は専門店にご相談ください。
6．染色加工したものは色落ちする場合がありますのでご注意ください。

監修

文化ファッション大系監修委員会

大沼　淳　　　山田とし子
相原　幸子　　横倉　孝
野中　慶子　　平山　伸子
辛島　敦子
平野　栄子
宮原　勝一

執筆

閏間　正雄　　山田とし子
志村　純子　　吉村とも子
飯島　秀子

表紙モチーフデザイン

酒井　英実

イラスト

吉岡　香織　　坂本真由美

写真

石橋　重幸　　安田　如水
尾島　敦

協力

一般財団法人　カケンテストセンター
一般財団法人　ニッセンケン品質評価センター
一般財団法人　日本規格協会
経済産業省
消費者庁
全国クリーニング生活衛生同業組合連合会
文化学園図書館

文化ファッション大系　改訂版・服飾関連専門講座❶
アパレル品質論
文化服装学院編

2017年2月6日　第1版第1刷発行
2021年2月8日　第3版第1刷発行

発行者　濱田勝宏
発行所　学校法人文化学園 文化出版局
　　　　〒151-8524
　　　　東京都渋谷区代々木3-22-1
　　　　TEL03-3299-2474（編集）
　　　　TEL03-3299-2540（営業）
印刷・製本所　株式会社文化カラー印刷

ⓒBunka Fashion College 2017　Printed in Japan

本書の写真、カット及び内容の無断転載を禁じます。
・本書のコピー、スキャン、デジタル化等の無断複製は著作権法上での例外を除き、禁じられています。本書を代行業者等の第三者に依頼してスキャンやデジタル化することは、たとえ個人や家庭内での利用でも著作権法違反になります。
・本書で紹介した作品の全部または一部を商品化、複製頒布することは禁じられています。

文化出版局のホームページ　http://books.bunka.ac.jp/